U0261355

广西特色高校立项建设成果之实践教学项目标准化方案

机械制造与自动化专业实训项目标准化指导书

韦晓航　主　编
李　宇　副主编

中国铁道出版社有限公司
2019年·北京

内 容 简 介

本书为广西特色高校立项建设成果——实践教学项目标准化方案系列之一,是高等职业教育机械制造与自动化专业的实训教材。本书的编写基于规范机械制造与自动化专业教学相关课程的实验实训理念,将高职机械制造与自动化专业的主要课程(课内实践及整周实训)进行了梳理和完善。主要内容分为课程实训(10门课程)及整周实训(7门课程),包括机械制图、机械设计基础、电工电子基础、机械CAD、液压与气动基础、机械制造技术基础、机床电气控制与PLC、数控加工编程与操作、工装夹具设计基础、数控设备安装连接与调试、钳工技能实训、车工技能实训、机械制造工艺实训、机械CAD/CAM技术应用、机床电气控制与PLC实训、数控加工编程与操作实训、数控技能考证培训,涵盖了机械制造与自动化专业的常规实践内容,对机械制造与自动化专业及数控技术等其他相近专业开展课程实践具有一定的参考和借鉴意义。

本书可作为高等职业院校、高等专科学校、成人高等院校的机械制造与自动化、数控技术、机电一体化等专业的实践及实训教材,也可作为机械制造类相关专业的技术培训、教学用书,还可供从事机械制造行业的工程技术人员、管理人员和技术工人参考使用。

图书在版编目(CIP)数据

机械制造与自动化专业实训项目标准化指导书:广西
特色高校立项建设成果之实践教学项目标准化方案/
韦晓航主编.—北京:中国铁道出版社,2018.8(2019.9重印)
ISBN 978-7-113-24787-4

Ⅰ.①机… Ⅱ.①韦… Ⅲ.①机械制造工艺-自动化
系统-高等职业教育-教学参考资料 Ⅳ.①TH164

中国版本图书馆CIP数据核字(2018)第181937号

书 名:机械制造与自动化专业实训项目标准化指导书
作 者:韦晓航 主编

责任编辑:金 锋 编辑部电话:010-51873125 电子信箱:jinfeng88428@163.com
编辑助理:赵 彤 钱 鹏
封面设计:时代澄宇
责任校对:苗 丹
责任印制:郭向伟

出版发行:中国铁道出版社有限公司(100054,北京市西城区右安门西街8号)
网 址:http://www.tdpress.com
印 刷:北京虎彩文化传播有限公司
版 次:2018年8月第1版 2019年9月第2次印刷
开 本:787 mm×1 092 mm 1/16 印张:14.75 字数:370千
书 号:ISBN 978-7-113-24787-4
定 价:49.00元

提高高职人才培养质量必须始终围绕实践教学创新（代序）

新世纪以来，高等职业教育的改革发展大致经历了三个阶段。

一是1999～2005年争先恐后升格后的野蛮生长阶段。这个阶段高职人才培养基本处在自由发展状态，对培养什么规格的人才，怎样培养适应生产、建设、管理和服务一线的应用技术人才以及高职办学特色等问题，都没有足够清醒的认识。2000年，教育部下发了《关于加强高职高专教育人才培养工作的意见》（教高［2000］2号），提出"今后一段时期，高职高专教育人才培养工作的基本思路是：以教育思想、观念改革为先导，以教学改革为核心，以教学基本建设为重点，注重提高质量，努力办出特色。力争经过几年的努力，形成能主动适应经济社会发展需要、特色鲜明、高水平的高职高专教育人才培养模式。"为了加强对高职高专教育人才培养工作的宏观管理，提高教学管理水平、教学质量和办学效益，保证人才培养目标的实现，教育部在文件中附加了《关于制订高职高专教育专业教学计划的原则意见》《高等职业学校、高等专科学校和成人高等学校教学管理要点》两个附件，此后又连续下发了学校办学标准、师资队伍建设、课程建设等一系列文件，要求高职教育以适应社会需求为目标、以培养技术应用能力为主线制订专业教学计划。这对高职院校摆正办学航向、摆脱本科压缩型的课程体系和教学观、走出一条"以服务为宗旨、就业为导向，走产学结合发展之路"起到了廓清、引导作用。

二是2005～2011年办学水平评估与示范引领、规范人才培养工作阶段。由于高职院校升格过多过快，难免良莠不齐，人才培养质量参差不齐，社会上对高职教育仍然存在不小分歧与偏见。高职教育要办出自己的特色和水平，真正被社会广泛认可，成为一种独立的、无法替代的高等教育类型，还必须从根本上切实转变办学理念、明确办学方向，努力进行人才培养模式的创新。为引导高职院校进一步明确高职教育办学指导思想，提高人才培养质量，2006年教育部颁布了《关于全面提高高等职业教育教学质量的若干意见》（教高［2006］16号），要求高职院校把工学结合作为人才培养模式改革的重要切入点，带动专业调整与建设，引导课程设置、教学内容和教学方法改革。强调人才培养模式改革的重点是教学过程的实践性、开放性和职业性，实验、实训、实习是三个关键环节，加强实训、实习基地建设是彰显办学特色、提高教学质量的重点。教育部要求高职院校重视学生校内学习与实际工作的一致性，积极探索校内生产性实训基地建设的校企组合新模式，引导企业进校组织实训，同时要保证在校生至少有半年时间到企业等用人单位顶岗实习，提高学生的实际动手能力。同年，教育部与财政部联合下发了《关于实施国家示范性高等职业院校建设计划，加快高等职业教育改革与发展的意见》（教高［2006］14号），选择一批人才培养工作开始凸显、办学实力强劲、发展后劲足、具有"地方性、行业性"办学特色的高职院校进行重点建设,使之成为改革、管理、建设、发展的示范,引领全国高职院校提高高技能人才培养质量。

三是 2011 年以后后示范时期内涵建设寻求人才培养质量突破阶段。可以讲,在示范建设阶段,我国基本上遴选了约三分之一的高职院校进入国家层面和省级层面进行重点建设,但并未能全面解决高职人才培养本质问题。为解决部分高职院校在产教融合、校企合作培养人才方面依然抓不住合作本质、找不到有效载体,部分高职院校在通过示范或骨干院校建设计划后对高职往何处去的问题认识不足、经受不住升本诱惑等盲动问题,国家提出要构建现代职业教育体系,要求高职教育发挥职业教育体系的引领作用,强化集团化办学的成效,探索中高、高本联合培养应用型技能人才的有效途径与方法、提升专业服务产业发展的能力,深化产教融合和校企合作改革,举办全国职业院校学生职业技能大赛,提高学生实际工作动手能力和创新能力,发布高职教育年度质量报告,引导高职院校更加重视人才培养质量和社会服务能力提升。

梳理高职教育的发展脉络,可以清醒地认识到高职院校在培养什么样的人才、怎样培养人才等方面的努力方向。人才培养质量取决于社会对学生技术技能水平和职业素养的评价,而这需要经过科学和反复的训练,需要依靠项目完整、设施完备、组织高效、过程规范的实践教学,这也是高职教育区别于本科教育的根本所在。

经过一轮人才培养工作评估,广西高职出现的问题不容小觑,专业重复率高、资源浪费严重、人才培养质量不高、"马太效应"越来越明显。部分高职院校未能处理好规模、结构、质量和效益的合理关系,专业建设低水平徘徊,社会服务能力不足;部分行业举办的院校优势特色未能得到有效彰显,一些有特色的专业规模小、招生困难。为推动高校内涵式发展,实行高等教育分类管理,深化高等教育教学改革,提高人才培养质量和办学水平,促进学校在教学质量、社会服务能力、管理水平、办学效益等方面有较大提高,2013 年广西实施特色高校建设项目。特色高校立项建设的核心是专业,只有专业建设有特色,那么与之关联的人才培养质量、社会服务能力、学校管理水平和办学效益等方面就会发生正向变化。我校入选2013 年广西特色高校建设项目立项建设单位。

特色是一个事物或一类事物显著区别于其他事物的风格、形式,是由事物赖以产生和发展的特定的具体的环境因素所决定的,是其所属事物独有的。对一所高职院校来说,特色就是历久弥新的独有品格的凝聚,是高职办学质量的集中体现,也是高职院校持续发展的竞争力;它根植于这所高职学校教育模式的创新、与众不同的专业结构与体系。专业是高职院校的基础,它不仅代表着学校的办学水平,更决定着学校的发展特点和优势。一般来说,特色所在必是优势所在,一所高职院校的特色就在于其专业优势特色,特色专业集中反映了专业的市场性、行业性,彰显了教学团队、实训基地的建设水平,体现了教学特色和人才培养质量水平,其最具有活力的就是区别其他学校的实践教学特色,它依托学校质量文化,以及科学的训练方法和规范的操作标准,能解决高校发展同质化、专业建设同质化、人才培养千人一面的严峻问题。

2008 年在迎接教育部高职高专人才培养水平评估时,我们系统总结出了升格高职以来的人才培养工作的特色,即"依托行业、校企合作、以岗导学、服务基层",以"学"(职业技能与职业素养传习)为核心,对照"岗"(岗位工作能力、职业技能标准),校企合作以 DUCAM 方式开发专业课程体系课程教学内容,规范实践教学过程,人才培养质量受到铁路基层站段高度肯定。学校入选广西特色高校立项建设单位,正处于由行业管理向政府管理、行业支撑的体制特色深化阶段,处在办学扩能增量、强化特色专业建设的实践阶段,处在行业大发展和区域经济跨界合作的经济发展新常态阶段,学校从顶层设计入手,狠抓专业结构体系调整、特色品牌专业改革发展、实践教学标准化建设和实践教学环节优化,逐步形成了由单一型铁路专业结构向服务社会的"铁路专业＋"特色结构体系转变,人才培养模式和质量评价也呈现出多元化结构态势。

一是构建了区别于其他高职院校的"铁路专业＋"的行星状专业结构体系。学校由铁路行业企业移交给地方政府管理后,为适应管理体制变革,强化服务社会功能和面向社会培养人才,实施了办学模式创新。其重要意义在于,以整体性的制度设计,确立以铁路行业为核心,以主干铁路专业为支撑点,以铁路专业技术为延伸链,形成多个同类技术专业群的结构体系,主干专业具有雄厚的师资、设施和企业合作资源,可以为延伸专业提供强大的发展支持,主干专业与延伸专业可以互相倚靠、互为补充,突破既有的专业壁垒和学科专业边界,实现跨界融合、资源共享,达到同频共振、同步发展的功效。目前除轨道交通传统专业群外,电子信息、汽车与机械制造、土木建筑、商贸物流专业群也形成较强专业优势。

二是推行产教融合、校企合作的"一院一品"特色专业建设,制定专业改革发展路线图。紧紧围绕"四个合作",各学院对接一个或多个大企业,企业全过程参与人才培养方案设计、课程体系研究、课程内容开发、实训基地建设、技能项目探讨以及生产实习、顶岗实习指导,并对人才培养质量进行评价,打造具有企业特质的专业品牌。以主干专业制定改革发展路线图,摸清主干专业现有办学基础,对专业发展目标、教学条件与设施配套建设、课程体系与课程资源化建设进行优化设计,精心设计每年应完成的任务和应达成的发展目标,形成清晰的专业发展路径。

三是强化以质量文化、职业健康理念和标准流程为核心的实践教学三个标准化内涵建设,即实验实训项目标准化、实训室建设标准化、实训行为标准化。实验实训项目标准化是提高人才培养质量的基本要素,是规范教学内容、完善教学环节的重要文件,它是一所学校教学管理水平的具体表现,它也是企业参与教学过程,校企合作共同培养人才的具体抓手,更是平凡中见教学特色的载体,全面优质地完成这项工作困难很多、过程较长。实验实训项目标准化要求综合各特色专业所有课题的实验和实训项目,分别制定实验指导书和整周实训大纲、计划书与指导书等标准文件,标注适用专业、所属课程、课时、学分等通用数据。其中实验指导书内容包括:实验目的、实验准备、实验仪器仪表使用注意事项、实验内容简介、实验步骤及注意事项、实验报告、实验思考题等六个方面;学校把整周实训作为一门课程来建设,要求制定课程大纲,其内容包括:实训目标、实训内容、实训基本要求(包含实训学时安排表和技能考试要求)、本实训与其他课程的联系等四个方面。实训计划书主要包括使用的实训设备、实训耗材、实训授课进度计划表(周一至周五每半天的实训内容及考核安排)。实训指导书包括:实训目的与实训任务、实训预备知识、实训仪器仪表使用、实训操作安全注意事项、实训的组织管理(含实训进程安排)、实训项目简介、实训步骤指导与注意事项、考核标准和实训报告、附件等方面。在实训项目内容标准化制定中,学校要求融合企业真实生产过程、国家职业技能竞赛项目、职业技能标准,对课程体系进行重新梳理,优化整合各门课程中重叠训练内容,对碎片化的能力训练内容重新组合优化,特别重视设计能让学生参与一个完整的技术技能训练过程项目,在实训的组织管理中指导学生养成良好的职业素养和安全生产、职业健康意识。三个标准化分别从制度文件、硬件条件和人的行为角度,对学校实践教学质量进行诠释,是对质量文化和质量标准的一次有效实践,也是人才培养工作内涵的创新。

四是优化"学、训、赛、节、评"实践教学载体。实践教学无处不在,也无处不是。它既可以在课堂上、实训室中,也可以在校园、在企业,既可以体现为理论学习与操作训练结合,也可以蕴含在技能节与技能大赛当中,但归根结底,实践教学要最终体现社会需要,体现在学生的技术技能水平上,体现在毕业生能否在企业中用得上、留得住、有发展。可以说"学、训、赛、节、评"五位一体,是学校近年来实践教学创新的重要载体。

特色高校立项建设以来,学校通过狠抓特色专业建设和实践教学创新,共获得7个自治区级特色专业,4个中央财政支持的实训基地,2个中央财政支持的企业服务能力提升专业,7个自治区级示范性实训基地和示范建设实训基地,4个重点专业与实训基地建设项目,校企合作开发30门课程。学生参与国家、自治区及行业职业技能大赛,获得丰硕的竞赛成果,其中获得国家技能大赛一等奖6项,二等奖16项,三等奖27项,是自治区参赛队伍最多、选手最多、成绩最好的高职学校。近年来,学校新生报到率名列全区同类高职院校首位,毕业生就业率、学校社会服务能力、美誉度和影响力均名列全区前茅。

最近学校要结集出版相关专业的实验实训标准化项目,希望我来写序言,我考虑再三,并认真反思了新世纪以来我国高职教育改革发展的阶段性特点、广西特色高校建设的背景和我校近年来特色建设的过程,归纳了我校狠抓专业建设和实践教学创新的特点与举措,谨以此代序。

柳州铁道职业技术学院　周群

二〇一六年八月一日于柳州

前　言

理工科专业的课程大多都需要开设一定的课内实践或整周实训（课程设计）课程，以帮助学生了解及掌握相关理论知识在实际生产中的运用。为了提高机械制造与自动化专业教学质量，便于专业实践课程开设的统一规范，更好地实现专业人才培养目标，本书针对高职机械制造与自动化专业典型课程的常规课内实践或整周实训课程（课程设计）指导书进行了整合编写，并用于专业教学实践。本指导书的编写基于工学结合、教学做一体的教学理念，指导学生在具备一定相关理论知识前提下，进行实际技能的运用训练，具有一定程度的通用性。但其中一些课程如数控设备安装连接与调试、机床电气控制与 PLC 实训等内容与实际设备及系统条件关联密切，不同的设备或者系统，实际操作运用上具有一定的差异性，因而使用时需要根据设备种类进行调整。

本书分为两大部分。第一部分为专业实验实训项目简介，包含课程实训项目简介和整周实训项目简介；第二部分为专业实训项目指导书，包含 10 门课程的课程实训指导书和 7门课程的整周实训指导书，其编排遵循"由基础到专业、由易到难、由简到繁、循序渐进"原则。

本书由柳州铁道职业技术学院韦晓航任主编，李宇任副主编，机械制造与自动化教学团队全体教师参与了本书的编写。其中刘冬桂负责编写课程一，蒋旭华负责编写课程二、课程四，韦晓航负责编写课程三、课程八、课程十、整周实训四、整周实训六，肖振泉负责编写课程三，王彩虹负责编写课程四，李宇负责编写课程五、课程七、整周实训五、整周实训六，胡洁敏负责编写课程六、课程九、整周实训三，罗若负责编写课程六、整周实训三，贾森负责编写整周实训一，刘洪泽负责编写整周实训二，金星负责编写整周实训六，林新负责编写整周实训七。在全书编写过程中，刘建豪、肖振泉、王彩虹等参与了书稿的编排与校对工作。

由于编者的水平、经验和时间有限，书中难免存在一定的不足和缺陷，敬请读者提出批评指正。

编者
2018 年 6 月

目　　录

第一部分　专业实验实训项目简介

第二部分　专业实训项目指导书

第一部分

专业实验实训项目简介

课程实训项目简介

机械制造与自动化专业课程实训项目见总表 1。

总表 1　机械制造与自动化专业课程实训项目

课程名称	实训名称	课时数	实训目的	实训内容	主要仪器设备	备注
课程一　机械制图	实训一　平面图形的绘制	2	1. 熟悉平面图形的绘制过程及尺寸注法。2. 掌握线型规格及线段连接技巧。3. 熟练掌握布图的技能技巧	采用 1∶1 比例,在 A4 图纸上横放抄画平面图形,并正确标注尺寸	绘图工具及仪器	
	实训二　组合体三视图的绘制	2	1. 进一步锻炼作图的技能技巧,提高绘图能力。2. 掌握根据轴测图正确绘制三视图的方法,提高绘图技能。3. 熟悉组合体视图尺寸标注的方法	采用适当的比例,在 A4 纸上根据组合体的轴测图绘制组合体三视图,并正确标注尺寸	绘图工具及仪器	
	实训三　剖视图的绘制	2	1. 培养根据零部件的结构形状选择表达方法的基本能力。2. 进一步理解剖视图的基本概念,掌握剖视图的画法	根据零部件的主、俯视图,看清结构,采用适当的表达方法,在 A4 纸上画出剖视图,将零部件的内外结构表达清楚	绘图工具及仪器	
	实训四　齿轮工作图的绘制	2	1. 熟练掌握齿轮的规定画法及齿轮各部分参数的计算方法。2. 掌握键槽的查表方法以及尺寸标注的方法	根据齿轮轴测图在 A4 纸上正确绘制齿轮工作图,并标注尺寸,比例自选	绘图工具及仪器	

续上表

课程名称	实训名称	课时数	实训目的	实训内容	主要仪器设备	备注
课程二 机械设计基础	实训一 机构运动简图测绘及分析	2	1. 初步掌握绘制机构运动简图的技能。 2. 掌握机构自由度的计算方法	绘制机构运动简图，计算机构自由度	牛头刨床、活塞泵模型	
	实训二 平面连杆机构的特性分析	2	1. 验证平面四杆机构有曲柄的条件。 2. 验证平面四杆机构的急回特性并确定具有急回特性的条件。 3. 观察平面四杆机构的传动角的变化，找出机构最小传动角的位置	总结曲柄存在的条件和急回特性存在的条件，观察传动角	平面四杆机构模型	
	实训三 渐开线直齿圆柱齿轮参数的测定	2	1. 掌握用简单量具测定渐开线直齿圆柱齿轮参数的方法。 2. 理解渐开线的性质及齿轮各参数之间的相互关系	测量渐开线直齿圆柱齿轮的尺寸，确定其基本参数，并判别是否为标准齿轮	齿轮、游标卡尺	
	实训四 齿轮减速器的拆装	2	1. 了解齿轮减速器的基本结构。 2. 分析减速器中各零件作用、结构形状及装配关系	按程序拆装减速器，分析减速器的结构，测量并计算减速器的主要参数	齿轮减速器、扳手、螺丝刀、钢尺、游标卡尺	
课程三 电工电子基础	实训一 直流电路的认识	2	1. 学会使用电工原理实验箱。 2. 掌握直流稳压电源的使用方法。 3. 掌握万用表的使用方法	1. 电工原理实验箱的使用。 2. 晶体管直流稳压电源的使用。 3. 万用表的使用；电流、电压的测量	晶体管直流稳压电源 JWY-30B、电工原理实验箱 DGX-Ⅲ、万用表 MF-368	
	实训二 基尔霍夫定律的验证	2	1. 验证基尔霍夫定律，加深对基尔霍夫定律的理解。 2. 进一步掌握直流稳压电源、电压表、电流表的使用	1. 验证基尔霍夫电流定律。 2. 验证基尔霍夫电压定律	电工原理实验箱一套、晶体管直流稳压电源一台	
	实训三 日光灯电路的安装及功率因数的提高	2	1. 掌握日光灯的工作原理，学会日光灯电路的安装方法。 2. 通过实训了解功率因数提高的意义。 3. 学会功率表的使用方法	1. 日光灯电路的安装。 2. 功率表的使用方法	DGX-Ⅲ电工原理实验箱 1 台、单相自耦调压变压器 1 台、单相功率表 1 块、可变电容箱 1 个、日光灯箱 1 台	

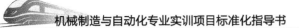

续上表

课程名称	实训名称	课时数	实训目的	实训内容	主要仪器设备	备注
课程四 机械 CAD	实训一 组合体	2	1. 掌握点、线、圆等绘制方法。 2. 掌握文字、尺寸的标注及各种命令的综合应用	本实训主要完成两个组合体视图的绘制。通过训练使学生掌握绘图环境的设置方法，能熟练并准确应用基础绘图指令，能精准、快速的绘制图形	计算机	
	实训二 组合体进阶	2	1. 了解旋转剖视的读图方法。 2. 掌握点、线、圆等绘制方法。 3. 掌握文字、尺寸的标注及各种命令的综合应用	运用"直线""圆""偏移""修剪""对象捕捉""对象追踪""图案填充"等命令来完成图形的绘制	计算机	
	实训三 阀盖	4	1. 掌握点、线、弧等绘制方法。 2. 掌握文字、尺寸的标注及各种命令的综合应用，特别是盘盖类零件绘制方法、技巧。 3. 初步具备中等复杂程度零件的绘制能力	运用"直线""极轴""圆""圆角""偏移""修剪""对象捕捉""对象追踪""图案填充"等命令来完成图形的绘制	计算机	
	实训四 轴	4	1. 掌握点、线、圆、多边形等绘制方法。 2. 掌握文字、尺寸的标注及各种命令的综合应用，特别应掌握轴类零件绘制方法、技巧	主要完成一个轴类零件图的绘制。通过训练使学生熟练绘图环境的设置方法，能熟练并准确应用基础绘图指令，能精准、快速的绘制图形，初步具备中等复杂程度零件的绘制能力	计算机	
课程五 液压 与气动 基础	实训一 液压泵、液压阀的拆装	2	通过对液压泵、液压阀的拆装，加深对液压泵、液压阀结构特点及工作原理的了解	柱塞泵、叶片泵、齿轮泵及压力阀、换向阀、流量阀的拆装	内六角扳手、固定扳手、螺丝刀	
	实训二 三位四通换向回路演示	2	了解三位四通换向回路的工作原理	整体讲解液压试验台的结构组成，以及介绍本次试验要搭建的回路	活塞缸、换向阀、行程开关、油管四根	
	实训三 进油节流调速回路演示	2	了解进油节流调速回路的工作原理	介绍进油节流调速回路的工作原理，以及介绍本次试验要搭建的回路	节流阀、溢流阀、油管四根、双作用单杆活塞缸	

续上表

课程名称	实训名称	课时数	实训目的	实训内容	主要仪器设备	备注
课程六 机械制造技术基础	实训一 车刀几何角度的测量	2	1. 了解车刀量角仪的结构与工作原理,学会使用车刀量角仪测量车刀的几何角度。 2. 加深对常用车刀结构、刀具标注参考系、刀具几何角度的理解	本实训是使用 CDL 车刀测量仪分别测量外圆车刀(45°车刀、90°车刀)、切断刀、螺纹刀的几何角度,根据测量结果绘制车刀在正交平面静止参考系中刀具角度	CDL 车刀测量仪、外圆车刀(45°车刀、90°车刀)、切断刀、螺纹刀	
	实训二 认识金属切削机床	2	1. 了解金属切削机床的分类和型号编制方法。 2. 掌握常用机床的型号及其含义。 3. 掌握常用金属切削机床的切削运动	本实训是利用现场的设备,学习金属切削机床的分类和型号编制方法,读懂现场设备的型号的含义;认识各类金属切削机床的切削运动,正确辨认各类机床的主运动和进给运动。主要方法是以实物讲解,教师操作机床及演示	普通卧式车床、立式铣床、立式钻床、牛头刨床、摇臂钻床、外圆磨床、平面磨床、无心磨床	
	实训三 车床、钻床的结构与加工分析	2	1. 了解普通卧式车床、立式钻床、摇臂钻床的总体布局及主要技术性能。 2. 掌握普通卧式车床、立式钻床、摇臂钻床的加工特点和工艺范围	本实训是利用现场普通车床、立式钻床、摇臂钻床讲解机床的主要结构部件、主要技术性能,掌握机床的加工特点和加工范围。主要方法是以实物讲解,读机床铭牌和转速盘,观察机床演示及操作	普通卧式车床、立式钻床、摇臂钻床及各种车刀(45°车刀、90°车刀、切断刀、螺纹刀等)、钻头(直柄、锥柄各一把,规格不限)	
	实训四 铣床、磨床的结构与加工分析	2	1. 了解普通立式铣床、外圆磨床、平面磨床、无心磨床的总体布局及主要技术性能。 2. 掌握普通立式铣床、外圆磨床、平面磨床、无心磨床的加工特点和工艺范围	本实训是利用现场普通立式铣床、外圆磨床、平面磨床、无心磨床讲解机床的主要结构部件、主要技术性能,掌握机床的加工特点和加工范围。主要方法是以实物讲解,看读机床铭牌和转速盘,观察机床演示及操作	普通立式铣床、外圆磨床、平面磨床、无心磨床及铣刀(立铣头或立铣刀、端铣刀)	

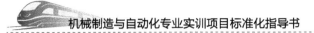

续上表

课程名称	实训名称	课时数	实训目的	实训内容	主要仪器设备	备注
课程七 机床 电气 控制 与PLC	实训一 低压电器的认识	2	1. 认识低压断路器、接触器、继电器、熔断器、变压器等的铭牌标识。 2. 会测量和判断出其上的接线端子,深化对工作原理的掌握	认识各常用低压电器的铭牌标识和各接线端子的定义	低压断路器、接触器、继电器、熔断器、开关电器、万用表等	
	实训二 三相异步电动机的自锁控制	2	1. 了解交流接触器的结构、工作原理、型号规格、使用方法及其在控制线路中的作用。 2. 掌握三相异步电动机的自锁控制电路的工作原理及接线方法。 3. 熟悉该电路的故障分析及排除故障的方法	熟悉交流接触器的结构、工作原理及使用方法;连接自锁控制线路,并记录动作过程	电工工具、刀开关、熔断器、按钮、接触器、热继电器、三相异步电动机等	
	实训三 西门子S7-200系列PLC的系统结构认知	2	1. 掌握西门子S7-200系列PLC的主机面板布置方式。 2. 了解编程软件的安装方法。 3. 掌握实验箱上所包含的模块。 4. 了解输入与输出接口的使用方法	认识西门子S7-200系列PLC的系统结构	S7-200实训台、计算机编程电缆、导线等	
课程八 数控 加工 编程 与操作	实训一 认识数控车床及其坐标系	2	1. 初步认识数控车床结构特点及操作面板。 2. 了解数控车床基本操作及其坐标系	1. 介绍数控车床的基本结构及操作面板。 2. 演示数控车床基本操作。 3. 介绍数控车床坐标系,演示数控车床试切对刀操作。 4. 编辑传输数加工程序,仿真自动加工	数控车床、圆钢棒料毛坯、外圆车刀、计算机、仿真软件	根据实训条件采用数控车床或仿真软件完成
	实训二 认识数控铣床及其坐标系	2	1. 认识数控铣床及其操作面板。 2. 了解数控铣床结构原理,了解数控铣床基本操作及其坐标系	1. 介绍数控铣床的结构特点及操作面板。 2. 演示数控铣床基本操作。 3. 介绍数控铣床坐标系	数控铣床、板料毛坯、立铣刀	

课程名称	实训名称	课时数	实训目的	实训内容	主要仪器设备	备注
课程九 工装夹具设计基础	实训一 常见机床夹具结构分析	2	1. 掌握六点定位原理在实际夹具设计中的具体应用。2. 掌握夹具的组成、结构及各部分的作用。3. 掌握夹具与机床连接、定位方法。4. 掌握机床夹具的常见设计结构	利用机床夹具模型，拆装夹具，了解夹具基本组成结构，分析夹具的定位方案和夹紧方案，掌握六点定位原理在实际设计中的应用	各类常见机床夹具模型、加工工件模型、游标卡尺、内六角扳手、一字旋具、十字旋具、活动扳手等工具若干	
	实训二 简单机床夹具测绘	2	1. 了解机床夹具设计的基本方法。2. 掌握简单定位误差的分析计算	利用机床夹具模型，绘制夹具零件图（或部分零件图），分析定位误差的产生原因，并计算定位误差，判断零件设计的合理性	各类常见机床夹具模型、加工工件模型、游标卡尺、内六角扳手、一字旋具、十字旋具、活动扳手等工具若干、绘图仪器	
课程十 数控设备安装连接与调试	实训一 数控系统的伺服连接	2	1. 掌握数控系统伺服控制电路连接原理。2. 掌握伺服控制各连接的关系	识读并分析数控系统伺服控制原理图，并在数控车床实训设备上查找相应电路	亚龙数控车床实训设备	
	实训二 数控系统的模拟主轴驱动与连接	2	1. 掌握 FANUC 0i Mate TD模拟主轴变频器的接口。2. 掌握模拟主轴的控制电路连接及反馈。3. 掌握欧姆龙变频器的常用参数设置方法	识读并分析数控系统主轴控制原理图，并在数控车床实训设备上查找相应电路。初步了解变频器的常用参数设置	亚龙数控车床实训设备	
	实训三 数控系统的 I/O Link 连接	2	1. 了解 FANUC 0i 数控系统 I/O 的连接。2. 熟悉查找 558 实训设备 I/O LINK 的连接及 I/O 各接口	根据电气原理图识读并分析查找数控系统 I/O 的连接，认识各接口的功用	亚龙数控车床实训设备	
	实训四 数控车床的启停与急停控制	2	1. 掌握利用万用表查找系统的启动与停止控制回路。2. 掌握系统的急停回路控制方式	根据电气原理图识读并分析查找数控系统的启动与停止控制回路	亚龙数控车床实训设备	

续上表

课程名称	实训名称	课时数	实训目的	实训内容	主要仪器设备	备注
课程十 数控 设备 安装 连接 与调试	实训五 亚 YL-558 型实训 设备的电气综 合连接	2	1. 认识 FANUC 数控系统各主要接口的名称。 2. 分线路完成 YL-558 型实训设备各主要电路的电气连接,画出连接框图	熟悉 FANUC 数控系统各主要接口的名称,并根据电气原理图分线路分析各主要电路的连接并完成连接框图	亚龙数控车床实训设备	
	实训六 整 体与个别数据 备份与恢复	2	1. 掌握 BOOT 画面中 SRAM 和 FROM 中的数据备份与恢复方法。 2. 掌握 CF 卡的格式化方法。 3. 熟悉通过输入、输出方式进行数据的备份与加载	分别进行数控系统的 BOOT 画面下的数据备份与加载及通过输入、输出方式进行数据的备份与加载	亚龙数控车床实训设备;CF 卡、CF 卡读卡器、计算机	
	实训七 参 数支援画面下 的轴设定	2	1. 掌握参数初始化的方法。 2. 掌握轴设定画面下的五组主要参数的含义与设定	完成参数初始化及轴设定画面下的五组主要参数的含义理解与参数设定	亚龙数控车床实训设备	
	实训八 伺 服设定与软限 位的设置	2	1. 掌握参数支援画面的伺服设定。 2. 掌握机床软限位的设定步骤	完成参数支援画面的伺服设定;掌握机床软限位的设定步骤	亚龙数控车床实训设备	
	实训九 I/O Link 接口的 设定	2	结合电气原理图在 YL-558 型实训设备上进行 I/O 设定	根据电气原理图在数控车实训设备上进行 I/O 设定	亚龙数控车床实训设备	
	实训十 PMC 程序的编 辑分析与调试	2	1. 熟悉 PMC 的相关画面。 2. 学会急停 PMC 程序的编写及信号诊断。 3. 在练习板上能实现一些简单的控制。 4. 学会查找面板的地址	进行急停 PMC 程序的编写及信号诊断;训练在练习板上实现一些简单的控制;学会查找面板的地址	亚龙数控车床实训设备	

整周实训项目简介

机械制造与自动化专业整周实训项目见总表 2。

总表 2　机械制造与自动化专业整周实训项目

整周实训名称	实训子项目名称	课时数	实训目的	实训内容	主要仪器设备	备注
整周实训一钳工技能	实训子项目一　錾削	12	錾削的姿势、动作达到初步正确、协调自然	1. 錾削工具。 2. 錾削姿势。 3. 了解錾削时的安全知识和文明生产要求	锤子、錾子、钳台、砂轮机、板料	
	实训子项目二　锯割	6	锯割的姿势、动作达到初步正确、协调自然，并正确选用锯条及正确安装	1. 手锯构造。 2. 锯条的正确选用。 3. 锯削操作方法。 4. 各种材料的锯削方法。 5. 锯条折断及崩齿的原因。 6. 了解锯削时的安全知识和文明生产要求	手锯、板料	
	实训子项目三　锉削	10	初步掌握平面锉削时的站立姿势和动作要领	1. 了解锉刀结构及分类。 2. 掌握平面锉削的姿势及方法。 3. 掌握锉削时两手的用力和锉削速度。 4. 掌握锉刀的保养及安全文明生产要求基本技能	大、中、小锉刀	
	实训四　综合作业方锤	28	熟练掌握錾削、锯割、锉削的基本技巧及精度控制方法，熟练掌握常规的精度检测方法	按尺寸精度要求制作方锤	台钻、砂轮机、锤子、錾子、台虎钳、钳台、手锯	

整周实训名称	实训子项目名称	课时数	实训目的	实训内容	主要仪器设备	备注
整周实训二 车工技能	实训子项目一 普车机床的基本操作	4	主要掌握车床的结构、车削加工基本操作方法等	1. 熟悉车床的基本操作。 2. 了解进给量、切削量、背吃刀量的选择	1. C6140 车床 2. 砂轮机 3. 90°外圆硬质合金刀 4. 60°外圆硬质螺纹刀 5. 高速白钢刀 6. 外径千分尺 0～25 mm 7. 外径千分尺 25～50 mm 8. 外径游标卡尺 0～150 mm	
	实训子项目二 磨刀技能	2	掌握磨刀技能、技巧	刃磨 90°外圆车刀、60°螺纹刀切槽刀	1. C6140 车床 2. 砂轮机 3. 90°外圆硬质合金刀 4. 60°外圆硬质螺纹刀 5. 高速白钢刀 6. 外径千分尺 0～25 mm 7. 外径千分尺 25～50 mm 8. 外径游标卡尺 0～150 mm	
	实训子项目三 车削外圆台阶	12	掌握加工方法、正确使用进给量及背吃刀量	加工外圆台阶、端面	1. C6140 车床 2. 砂轮机 3. 90°外圆硬质合金刀 4. 60°外圆硬质螺纹刀 5. 高速白钢刀 6. 外径千分尺 0～25 mm 7. 外径千分尺 25～50 mm 8. 外径游标卡尺 0～150 mm	

续上表

整周实训名称	实训子项目名称	课时数	实训目的	实训内容	主要仪器设备	备注
整周实训二车工技能	实训子项目四　车削圆锥体	10	掌握加工方法、运用计算公式	外圆台阶、锥面	1.C6140 车床 2.砂轮机 3.90°外圆硬质合金刀 4.60°外圆硬质螺纹刀 5.高速白钢刀 6.外径千分尺 0～25 mm 7.外径千分尺 25～50 mm 8.外径游标卡尺 0～150 mm	
	实训子项目五　车削普通螺纹	14	掌握车削螺纹加工方法、正确使用进给量及背吃刀量	加工螺纹、外切槽	1.C6140 车床 2.砂轮机 3.90°外圆硬质合金刀 4.60°外圆硬质螺纹刀 5.高速白钢刀 6.外径千分尺 0～25 mm 7.外径千分尺 25～50 mm 8.外径游标卡尺 0～150 mm	
	实训子项目六　考试件综合加工	14	掌握加工方法、正确使用进给量及背吃刀量	外圆台阶、外切槽及外螺纹	1.C6140 车床 2.砂轮机 3.90°外圆硬质合金刀 4.60°外圆硬质螺纹刀 5.高速白钢刀 6.外径千分尺 0～25 mm 7.外径千分尺 25～50 mm 8.外径游标卡尺 0～150 mm	

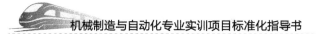

续上表

整周实训名称	实训子项目名称	课时数	实训目的	实训内容	主要仪器设备	备注
整周实训三 机械制造工艺	实训子项目一 零件分析	2	培养零件加工分析的能力，要求能根据零件结构特点和加工要求，提出确保产品质量的初步的定位方案和加工方案	分析零件的几何形状、加工精度、技术要求、工艺特点，同时对零件的工艺性进行研究		
	实训子项目二 毛坯选择	2	培养选择、毛制造坯的能力，要求能正确选择毛坯，并掌握绘制零件毛坯的方法	选择毛坯的类型，确定各加工表面的总余量、毛坯的尺寸及公差、毛坯的热处理方式		
	实训子项目三 绘制图纸	8	培养典型机械零件绘图设计能力和机械CAD软件的应用能力	用CAD软件抄画零件图，绘制零件毛坯图		
	实训子项目四 制定工艺路线	8	培养零件机械加工工艺分析制订能力，能根据加工要求制定合理、可行、经济、高效的加工方案，且能选择能保证加工质量的设备、刀具、夹具	选择定位基准，拟定加工方案，拟定工艺路线方案及比较、制定工艺路线		
	实训子项目五 工艺规程设计	8	培养查阅各种技术资料的能力，学会使用手册、图表及数据库资料的能力，合理选择机床、刀具、夹具及切削用量等	选择确定加工余量，确定工序尺寸及公差，选择工艺装备（刀具）和切削用量		
	实训子项目六 填写工艺文件	12	培养编制机械加工工艺规程的能力	填写机械加工工艺过程卡和机械加工工序卡		
	实训子项目七 编写工艺设计说明书	16	通过编写说明书，进一步培养学生分析、总结和表达的能力，巩固深化在设计过程中所获得的知识	工艺设计说明书是总结性文件，应概括地介绍设计全过程，对设计中各部分内容应作重点说明、分析论证及必要的计算。说明书包括的内容有：封面、目录、任务书、正文、零件图和毛坯图、机械加工工艺规程卡片、参考文献、设计总结		

整周实训名称	实训子项目名称	课时数	实训目的	实训内容	主要仪器设备	备注
整周实训四机械CAD/CAM技术应用	实训子项目一　轴套类零件建模	2	通过轴套类零件建模,掌握创建一般轴类零件的基本特征命令,如拉伸、旋转、布尔运算、倒角、键槽等特征的运用,并理解、掌握此类零件的建模方法	运用拉伸、回转、圆柱体、倒斜角、孔、螺纹、布尔运算等建模工具完成轴套类零件建模	计算机	
	实训子项目二　端盖轮盘类零件建模	4	通过端盖类零件建模,主要掌握拉伸创建垫块特征、阵列特征、镜像特征、螺纹特征等的方法技巧,并理解掌握端盖轮盘类零件的一般建模方法	运用拉伸、回转、圆柱体、倒斜角、孔、螺纹孔、镜像、阵列、布尔运算等建模工具完成零件建模	计算机	
	实训子项目三　基座体类零件建模	4	通过箱体叉架类零件建模,主要掌握圆锥特征、抽壳特征、矩形型腔特征及阵列特征等命令的应用,并理解掌握箱体叉架类零件的一般建模方法	运用拉伸、回转、圆柱体、倒斜角、孔、镜像、阵列、布尔运算等建模工具完成零件建模	计算机	
	实训子项目四　机构综合设计(选作)	不专门安排时间	通过该项目训练,理解掌握常见典型机构的建模设计及装配方法	根据零件图完成各组件建模并进行装配	计算机	
	实训子项目五　底座板平面加工	8	掌握平面体零件常用粗、精平面铣,粗、精平面轮廓铣,平面区域铣等常用加工方法的参数设置及运用	在"平面铣"模板加工环境下,运用粗、精铣平面及槽等操作,可完成"底座板"零件的加工	计算机	
	实训子项目六　钻模板的铣削加工	6	通过钻模板的铣削加工项目训练,进一步熟悉运用NX进行加工毛坯设置、基本工艺参数设置的方法	在"钻孔"模板加工环境下,运用精铣键形槽、钻通孔、铰孔、攻螺纹等操作,完成加工	计算机	

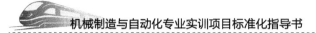

续上表

整周实训名称	实训子项目名称	课时数	实训目的	实训内容	主要仪器设备	备注
整周实训五 机床电气控制与PLC	实训子项目一 PLC常用指令	6	主要掌握常用基本指令、定时器及计数器指令、跳转指令、置位/复位及脉冲指令、移位寄存器指令及常用功能指令的格式及功能；熟悉编译调试软件的使用；并学会PLC与外围电路的接口连线方法	1. 指令的格式及功能。 2. 编译调试软件的使用。 3.PLC与外围电路的接口连线方法	S7-200 PLC	
	实训子项目二 电动机的Y/△(星/三角)启动控制	6	掌握PLC功能指令的用法；并能掌握用PLC控制交流电动机的正反转控制电路及Y/△启动的电路	1.I/O分配和硬件连线。 2. 用PLC控制交流电机的正反转控制电路的编程方法。 3. 用PLC控制交流电机的Y/△起动电路的编程方法	S7-200 PLC	
	实训子项目三 艺术灯的PLC控制	6	主要掌握数据传送指令和移位指令的应用；并学会PLC与外围电路的接口连线方法	1. 数据传送指令和移位指令的应用。 2.PLC控制中几种不同的清0方法。 3. 秒脉冲发生器的实现方法。 4.I/O分配及PLC与外围电路的接口连线方法	S7-200 PLC	
	实训子项目四 交通信号灯的自动控制	6	重点掌握定时器指令的用法；并能掌握用PLC控制交通灯的方法	1. 定时器指令的用法。 2.I/O分配及PLC与外围电路的接口连线方法。 3. 时间段的划分及实现方法	S7-200 PLC	

整周实训名称	实训子项目名称	课时数	实训目的	实训内容	主要仪器设备	备注
整周实训六 数控加工编程与操作	实训子项目一 数控铣床加工	28	掌握数控铣床的基本操作方法,能加工简单零件	1. 数控铣床的基本操作。 2. 外轮廓加工。 3. 内轮廓加工。 4. 综合轮廓加工	数控铣床、铣刀、游标卡尺	
	实训子项目二 数控车床加工	56	掌握数控车床的基本操作,能够加工简单机械零件	1. 数控车床的基本操作。 2. 车削轴类零件。 3. 车削内外轮廓。 4. 车削综合实训。 5. 车削综合类零件	数控车床、车刀、游标卡尺	
整周实训七 数控技能考证培训	实训子项目一 制定数控工艺和数控加工程序的编制实训项目	6	1. 进一步熟悉一般复杂程度零件的数控加工工艺制订。 2. 掌握数控编程的应用	1. 轴类零件的加工工艺制订。 2. 切削用量选择、刀具选择。 3. 数控车床加工程序编制	数控车床	
	实训子项目二 加工准备实训项目	6	1. 了解数控加工的安全操作规程。 2. 熟悉掌握数控车床的基本操作方法及步骤。 3. 工件及刀具的安装及对刀、自动加工、空运行及首件试切等基本操作	1. 机床的操作面板与控制面板的基本操作。 2. 数控车床运行的基本操作。 3. 工件及刀具的安装与找正。 4. 数控车床上的对刀及参数设定、空运行	数控车床、车刀、游标卡尺	
	实训子项目三 零件数控加工实训项目	10	掌握数控车床加工零件的基本操作流程及精度控制方法	根据零件图技术要求完成零件的加工	数控车床、车刀、游标卡尺、螺纹规	
	实训子项目四 零件检测实训项目	2	熟悉掌握运用游标卡尺、螺纹规等量具进行零件精度检测方法	运用游标卡尺、螺纹规等量具进行零件加工精度检测	游标卡尺、螺纹规	
	实训子项目五 综合件加工实训项目	4	掌握较复杂轴类零件的工艺编程及加工技巧	零件加工工艺制订及编程加工,精度检测	数控车床、车刀、游标卡尺	

第二部分

专业实训项目指导书

课程实训指导书

课程一 机械制图

实训一 平面图形的绘制

一、实训目的

(1)熟悉平面图形的绘制过程及尺寸注法。
(2)掌握线型规格及线段连接的技能技巧。
(3)熟练掌握布图的技能技巧。

二、实训准备

采用1:1比例,在A4图纸上横放抄画平面图形,并正确标注尺寸,使学生掌握几何作图的技能和技巧,并养成严格遵守国家标准的习惯,同时掌握图线的使用方法、平面图形的绘制方法和国家标准尺寸标注的方式方法。

预习内容:分析图1-1-1所示平面图形,选择尺寸基准,将尺寸进行分类,并将线段分类,思考如何绘制中间线段和连接线段。

实训所需的仪器、设备、元器件、材料、工具等:图板、丁字尺、图纸、三角板、两支HB铅笔、圆规、橡皮擦、透明胶。

三、实训设备使用注意事项

(1)用丁字尺将图纸固定在图板上,做到横平竖直。
(2)透明胶固定图纸4个角,不用太多,以免拆卸不方便。
(3)正确使用铅笔和圆规绘制图样。
(4)保持绘图教室卫生,不在图板上乱画乱写,不在教室里乱丢东西。
(5)小心使用丁字尺,损坏照价赔偿。

四、实训简介、实训步骤与注意事项

1. 实训简介
要求采用1:1比例,抄画图1-1-1的平面图形,并正确标注尺寸,如图1-1-1所示。

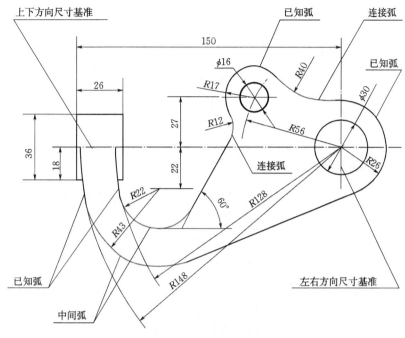

图 1-1-1 实训一零件图

2. 实训步骤

(1)分析图形,确定水平和垂直方向的尺寸基准,将尺寸和线段进行分类,分析绘制的先后顺序。

(2)根据比例,合理布图,先画图形的基准线、对称线及圆的中心线,再按已知弧、中间弧、连接弧的顺序画出底稿。

(3)检查底稿,纠正错误。

(4)按一定顺序加深、描粗图线。

(5)进行尺寸标注,做到不遗漏、不重复、严格按照国家标准的要求进行标注。

(6)采用长仿宋体字认真填写标题栏。

3. 注意事项

(1)布图时,应考虑标注尺寸的位置,也就是要合理布图。

(2)画底稿图线应轻而准确,并准确找出连接中心和连接点。

(3)图线描深顺序:先粗后细,先曲后直,先水平后垂直、倾斜。

(4)同类图线规格一致,均匀,箭头大小一致。注意圆弧连接要光滑。

(5)应保持图面清洁,擦去多余图线。

(6)数字和文字均采用长仿宋体字,字体大小要一致。

(7)图形摆放位置不同,尺寸标注的方法也应相应改变。

(8)不要漏注尺寸或者漏画箭头。

五、考核标准（见表 1-1-1）

表 1-1-1　考核标准一览表

考核内容	考核标准	评分标准	考试形式
平面图形的绘制	图面 10 分	图面清洁，没有多余图线，5 分	开卷
		布图合理，5 分	
	作图准确完整 60 分	图线准确、符合国家标准，20 分	
		图线粗细均匀，10 分	
		连接光滑，每处 2 分，共 20 分	
		连接中心和连接点选择正确，每处 1 分，共 10 分	
	尺寸标注 22 分	尺寸线、箭头符合国家标准，2 分	
		尺寸数字采用长仿宋体，字体大小一致，2 分	
		尺寸标注准确、完整，符合国家标准要求，每个尺寸 1 分，共 18 分	
	标题栏 8 分	标题栏填写完整，5 分，每漏一处扣 1 分，扣完为止	
		字体美观，采用长仿宋体，3 分	

六、实训报告

实训报告即为所绘平面图形。

实训二　组合体三视图的绘制

一、实训目的

(1)进一步锻炼作图的技能技巧，提高绘图能力。
(2)掌握根据轴测图，采用形体分析法，正确绘制组合体三视图的方法，提高绘图技能。
(3)熟悉组合体视图尺寸标注的方法。

二、实训准备

采用适当的比例，在 A4 纸上根据组合体的轴测图，采用形体分析法，绘制组合体三视图，并正确标注尺寸。培养和提高学生的空间思维能力、形体分析能力、正确绘制组合体三视图的能力和尺寸标注的能力，使学生绘制三视图的能力得到进一步提高，空间思维能力得到更好体现。

预习内容：阅读图 1-1-2 所示轴测图，分析该组合体应分为几个基本几何体；应选择什么方向作主视图；并在自己的纸上绘制该组合体三视图的草图并进行尺寸标注。

实训所需的仪器、设备、元器件、材料、工具等：图板、丁字尺、图纸、三角板、两支 HB 铅笔、圆规、橡皮擦、透明胶。

三、实训设备使用注意事项

(1)用丁字尺将图纸固定在图板上,做到横平竖直。

(2)透明胶固定图纸 4 个角,不用太多,以免拆卸不方便。

(3)正确使用铅笔和圆规绘制图样。

(4)保持绘图教室卫生,不在图板上乱画乱写,不在教室里乱丢东西。

(5)小心使用丁字尺,损坏照价赔偿。

四、实训简介、实训步骤与注意事项

1. 实训简介

采用适当的比例,在 A4 纸上根据图 1-1-2 所示组合体的轴测图绘制组合体三视图,并正确标注尺寸。

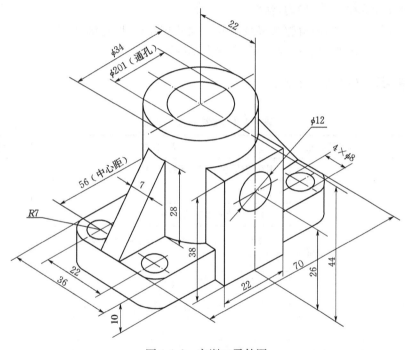

图 1-1-2　实训二零件图

2. 实训步骤

(1)运用形体分析法明确组合体的组成部分,以及各组成部分之间的相对位置和组合关系。

(2)按三大原则正确选择主视图的方向。

(3)根据图幅,选择比例,合理布图,画出底稿。

(4)检查底稿,修正错误,擦掉多余图线。

(5)依次加粗描深图线。

(6)标注尺寸,并填写标题栏。

3. 注意事项

(1)图形布置要均匀,留出标注尺寸的位置。先依据图纸幅面选择比例,再根据组合体的总体尺寸大致布图,然后画出作图基准线,确定三个视图的基本位置。

(2)画三视图时,主视图与左视图、主视图与俯视图之间应该留有足够的空隙以标注尺寸。

(3)画底稿图线应轻而准确。

(4)切记采用形体分析法绘制三视图,按组合体的组成部分,一部分一部分的画,每一部分都应按其长、宽、高在三个视图上同步画出,一个结构画完再画第二个结构,并注意相连和相切等连接处的画法。千万不要一个视图画完再画第二个视图。

(5)标注尺寸也应采用形体分析法,标注完一个结构,再标第二个结构,避免尺寸的重复和遗漏,并应该严格遵守国家标准的要求,做到正确、完整、清晰。

(6)图线描深顺序:先粗后细,先曲后直,先水平后垂直、倾斜。

(7)同类图线规格一致,均匀,箭头大小一致。

(8)应保持图面清洁,记得擦去多余图线,中心线超出图形轮廓3~5 mm。

(9)数字和文字均采用长仿宋体字,字体大小一致。

五、考核标准(见表1-1-2)

表1-1-2　考核标准一览表

考核内容	考核标准	评分标准	考试形式
组合体三视图的绘制	图面10分	图面清洁,没有多余图线,5分	开卷
		布图合理,5分	
	作图准确完整64分	主视图方案选择正确,5分	
		三视图符合投影关系,作图准确,每个视图15分,共45分	
		图线粗细均匀、符合国家标准7分	
		连接中心和连接点选择正确,每处1分,共7分	
	尺寸标注20分	尺寸线、箭头符合国家标准,2分	
		尺寸数字采用长仿宋体字,字体大小一致,2分	
		尺寸标注准确、完整,符合国家标准要求,每错一个扣1分,共16分,扣完为止	
	标题栏6分	标题栏填写完整,3分,每漏一处扣1分,扣完为止	
		字体美观,采用长仿宋体字,3分	

六、实训报告

实训报告即为所绘的组合体三视图。

实训三　剖视图的绘制

一、实训目的

(1)培养根据零部件的结构形状选择表达方法的基本能力。

(2)进一步理解剖视图的概念,掌握剖视图的画法。

二、实训准备

根据零部件的主、俯视图,看清结构,选择适当的表达方法,在A4图纸上画出剖视图,要求将零部件的内外结构都表达清楚。培养学生选择适当的剖切方法,绘制剖视图的能力,为今后走上工作岗位,依据图样的要求加工零件打下扎实基础。

预习内容:

(1)看懂图1-1-3所示的两视图所表达的形体结构。

(2)通过思考,选择适当的剖切方法,画出剖视图,将零部件的内外结构都表达清楚。

实训所需的仪器、设备、元器件、材料、工具等:图板、丁字尺、图纸、三角板、两支HB铅笔、圆规、橡皮擦、透明胶。

三、实训设备使用注意事项

(1)用丁字尺将图纸固定在图板上,做到横平竖直。

(2)用透明胶固定图纸4个角,不用太多,以免拆卸不方便。

(3)正确使用铅笔和圆规绘制图样。

(4)保持绘图教室卫生,不在图板上乱画乱写,不在教室里乱丢东西。

(5)小心使用丁字尺,损坏照价赔偿。

四、实训简介、实训步骤与注意事项

1. 实训简介

选择适当比例,在A4纸上根据图1-1-3所示的主、俯视图,看清结构,采用适当的表达方法,画出剖视图,要求清楚、完整地表达零部件的内外结构。

2. 实训步骤

(1)根据图幅,选择比例,合理布图。

(2)看懂主、俯视图,分析零部件的内外结构,采用适当的剖切方法,画出剖视图的底稿。

(3)检查底稿,修正错误,清理图面。

(4)按一定的顺序加粗描深底稿。

(5)填写标题栏。

3. 注意事项

(1)运用形体分析法,分析物体的内外结构。所用的表达方法应尽量简单明了,只要把内外结构表达清楚就可以。有的局部结构可以在全剖的基础上再采用局部剖切,这样可以减少视图的数量,使表达简单、明了。也可多考虑几种表达方案,并进行比较,从中确定最佳方案。

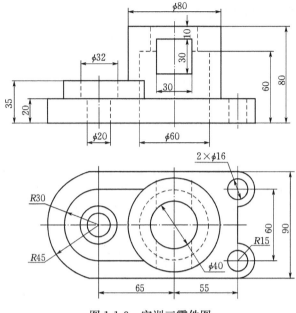

图 1-1-3　实训三零件图

（2）注意由剖视图中已经表达清楚的结构，视图中的虚线就可以省略。

（3）注意各剖视图中剖面线的方向和间隔，应保持一致。

（4）注意剖视图的标注方法，半剖和全剖是相同的。注意省略标注的原则。

（5）剖视图应直接画出，而不应先画视图再将视图改画成剖视图。

（6）合理布图，各图间留有适当空隙，尺寸标注可以省略。

五、考核标准（见表 1-1-3）

表 1-1-3　考核标准一览表

考核内容	考核标准	评分标准	考试形式
剖视图的绘制	图面 10 分	图面清洁，没有多余图线，5 分	开卷
		布图合理，5 分	
	作图准确完整 80 分	主、左视图选择的剖切方案正确，每图 5 分，共 10 分	
		三个视图作图准确，55 分 1. 主视图采用阶梯剖的全剖视图，20 分 2. 左视图采用半剖视图，20 分 3. 俯视图采用外形，15 分	
		每个视图的剖面线、中心线、轮廓线等图线运用准确，15 分	
	标题栏 10 分	标题栏填写完整，7 分，每漏一处扣 1 分，扣完为止	
		字体美观，采用长仿宋体字，3 分	

六、实训报告

实训报告即为所绘剖视图。

实训四 齿轮工作图的绘制

一、实训目的

(1)熟练掌握齿轮的规定画法及齿轮各部分参数的计算方法。

(2)掌握键槽的查表方法以及尺寸标注的方法。

二、实训准备

根据齿轮轴测图所给的尺寸和已知条件,计算齿轮轮齿部分所需的尺寸,并通过齿轮轴孔直径查表查出键槽的尺寸,在 A4 纸上正确绘制齿轮工作图,并标注尺寸,比例自选。通过绘制齿轮工作图培养学生查阅机械手册的能力、计算齿轮各部位尺寸的能力及绘制和阅读齿轮工作图的能力,为今后进行齿轮加工打下扎实基础。

预习内容:

(1)阅读图 1-1-4 所示齿轮轴测图,看懂齿轮各部分的结构。

(2)根据轴孔的大小,查表确定键槽的尺寸。

(3)根据题中所给的已知条件,计算齿轮轮齿部分所需的尺寸。

(4)根据齿轮轴测图,选择视图表达方案,绘制齿轮工作图的草图,并标注尺寸。

实训所需的仪器、设备、元器件、材料、工具等:图板、丁字尺、图纸、三角板、两支 HB 铅笔、圆规、橡皮擦、透明胶。

三、实训设备使用注意事项

(1)用丁字尺将图纸固定在图板上,做到横平竖直。

(2)透明胶固定图纸 4 个角,不用太多,以免拆卸不方便。

(3)正确使用铅笔和圆规绘制图样。

(4)保持绘图教室卫生,不在图板上乱画乱写,不在教室里乱丢东西。

(5)小心使用丁字尺,损坏照价赔偿。

四、实训简介、实训步骤与注意事项

1. 实训简介

采用适当的比例,在 A4 纸上根据图 1-1-4 所示的齿轮轴测图,绘制齿轮工作图,并正确标注尺寸。

2. 实训步骤

(1)看懂图 1-1-4 所示齿轮轴测图各部分的结构。

(2)根据轴孔的尺寸,查表确定轴孔中键槽的尺寸。

图 1-1-4 齿轮轴测图

(3)根据题中所给的已知条件,计算齿轮轮齿部分所需的尺寸。

(4)确定齿轮工作图的表达方案。

(5)根据图幅,选择比例,合理布图,画出齿轮工作图的底稿。

(6)检查底稿,修正错误,清理图面。

(7)加粗描深底图。

(8)标注尺寸,并填写标题栏。

3. 注意事项

(1)合理布图,留出标注尺寸的位置。

(2)注意全剖的主视图中轮辐和小孔的画法,轮辐处不画剖面符号。

(3)主视图中小孔外两边轮缘的线条不要遗漏。

(4)左视图也可以画成局部视图,这样使表达方案更加简单、明了。

(5)齿轮轮齿部分的尺寸必须根据计算得出,键槽的尺寸必须根据轴孔的尺寸查表得出,不能随意乱画。

(6)标注尺寸时,注意轴孔的孔径只能标注在左视图中,主视图中的轴孔还表达了键槽的深度,不适合标注孔径。

(7)注意键槽槽深的标注方法,应标注"$d+t_2$",而不是直接标"t_2"。

(8)注意把模数、压力角、齿数标注在图样的右上角。

(9)注意图面的整洁,尺寸数字和汉字均采用长仿宋体字,字体大小应一致。

五、考核标准(见表 1-1-4)

表 1-1-4 考核标准一览表

考核内容	考核标准	评分标准	考试形式
齿轮工作图的绘制	图面 10 分	图面清洁,没有多余图线,5 分	开卷
		布图合理,5 分	

考核内容	考核标准	评分标准	考试形式
齿轮工作图的绘制	作图准确完整 60 分	主视图方案选择正确,5 分	开卷
		两个视图符合投影关系,作图准确,40 分。其中,主视图采用全剖视图,20 分,左视图采用外形图或者局部视图,20 分	
		图线粗细均匀、符合国家标准,15 分	
	尺寸标注 20 分	尺寸线、箭头符合国家标准,2 分	
		尺寸数字采用长仿宋字,字体大小一致,2 分	
		轮齿部分尺寸计算正确,3 分	
		尺寸标注准确、完整,符合国家标准要求,每错一个扣 1 分,共 13 分,扣完为止	
	标题栏 10 分	标题栏填写完整,7 分,每漏一处扣 1 分,扣完为止	
		字体美观,采用长仿宋体字,3 分	

六、实训报告

实训报告即为所绘齿轮工作图。

课程二　机械设计基础

实训一　机构运动简图测绘及分析

一、实训目的

(1)初步掌握根据实际机器或机构模型绘制机构运动简图的技能。

(2)掌握机构自由度的计算方法。

二、实训准备

(1)实训类型:验证型。

(2)预习内容:

①机构运动简图的绘制步骤。

②机构自由度的计算方法。

(3)实训前要思考的问题:机构运动简图与哪些因素有关? 机构自由度计算有哪些注意事项?

(4)实训所需的仪器、设备、元器件、材料、工具等:若干台机器和机构模型,学生自备三角尺、圆规、笔和稿纸。

三、实训简介、实训步骤与注意事项

1. 实训简介

分析机构的组成,绘制机构运动简图,计算机构自由度,理解各种运动副的组成和特点,分析机构中的虚约束、局部自由度和复合铰链,了解机构具有确定运动的条件。

2. 实训步骤

(1)选择 2~3 种机构或机器模型。

(2)选好模型后缓慢转动被测的机器或机构,从原动件开始观察机构的运动,认清机架、原动件和从动件。

(3)从主动件开始,沿着传动路线,仔细分析所有从动件的运动情况(如相互连接两构件间的接触方式及相对运动形式,组成机构的构件数目及运动副类型和数目等),确定运动关系。

(4)合理选择投影面,对于平面机构,一般选择构件的运动平面为投影面。

(5)绘制机构运动简图的草图。首先将原动件固定在适当的位置,大致画出各运动副之间的相对位置,用规定的简图符号画出运动副,并用线条连接起来,然后用数字1,2,3…及字母 A,B,C…分别标出相应的构件和运动副,并用箭头表示原动件的运动方向和运动形式。

(6)绘制机构运动简图,量出与机构运动有关的尺寸,包括转动副间的中心距、移动副导路的位置或角度等。选择适当的比例尺,按比例确定各运动副之间的相对位置,并以简单的线条和规定的运动简图符号,正确绘出机构运动简图。

长度比例尺 μ_1＝构件的实际长度/简图上所画构件的图示长度

（7）计算自由度并与实际机构对照,观察原动件数与自由度是否相等。将计算得到的机构自由度数与所测绘机构的原动件数比较,两者应相等,若与实际不符,要找出原因并及时改正。

$$F = 3n - 2P_{\mathrm{L}} - P_{\mathrm{H}}$$

3. 注意事项

实验中应遵守实验室实验规则,各种模型观察和分析后,放回原处,不得损坏或任意放置。

四、实训报告

按实训报告要求填写实训报告。

五、实训思考题

（1）一个正确的"机构运动简图"能说明哪些问题?
（2）机构自由度计算对测量绘制机构运动简图有何帮助?

实训二　平面连杆机构的特性分析

一、实训目的

（1）验证平面四杆机构有曲柄的条件。
（2）验证平面四杆机构的急回特性并确定具有急回特性的条件。
（3）观察平面四杆机构的传动角的变化,找出机构最小传动角的位置。

二、实训准备

（1）实训类型:验证型。
（2）预习内容:
①平面四杆机构有曲柄的条件。
②机构急回特性及传动角。
（3）实训前要思考的问题:
①平面四杆机构有曲柄的条件是什么?
②机构急回特性与什么有关?
（4）实训所需的仪器、设备、元器件、材料、工具等:平面连杆机构模型,学生自备笔、纸张、直尺、量角器、绘图仪器。

三、实训设备使用注意事项

对平面连杆机构模型轻拿轻放,小心使用,以免损坏。

四、实训简介、实训步骤与注意事项

1. 实训简介
根据平面四杆机构模型,总结曲柄存在的条件和急回特性存在的条件,观察传动角。

2．实训步骤

（1）熟悉所选模型的运动，分析机架、连杆架、连杆的所在位置。

（2）量取各构件的长度尺寸，做好记录，并找到最短、最长尺寸。

（3）计算最短构件与最长构件的长度和，判断它与其他两构件和的大小关系。

（4）如图 1-2-1(a)所示铰链四杆机构，选取构件 4 为机架，观察机构的运动，看其是否有曲柄，如果有，又有几个曲柄？ 总结存在曲柄的条件。

（5）同理，如图 1-2-1(b)、(c)、(d)所示铰链四杆机构，分别选取构件 1、2、3 为机架，重复步骤(4)。

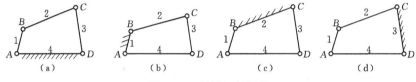

图 1-2-1　铰链四杆机构

（6）在上述铰链四杆机构中，选取一个曲柄连杆机构，观察其运动是否具有急回特性，如图 1-2-2 所示，并确定两个极限位置，计算其行程速比系数 K。从动件在两极限位置时，主动件在对应两位置间所夹的锐角 θ 称为极位夹角。机构最小传动角如图 1-2-3 所示。

$$K = \frac{180° + \theta}{180° - \theta}$$

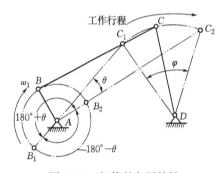

图 1-2-2　机构的急回特性

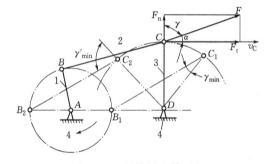

图 1-2-3　机构最小传动角

（7）在步骤(6)所选曲柄连杆机构中，找出铰链四杆机构的传动角 γ，并观察传动角的变化，找出机构最小传动角 γ_{min} 的位置。

3．注意事项

实训中应遵守实验室实训规则，观察和分析各种模型后，放回原处，不得损坏或任意放置。

五、实训报告

按实训报告要求填写实训报告。

六、实训思考题

（1）平面四杆机构存在曲柄的条件是什么？

(2)传动角与压力角的关系如何？怎样在实际生产中有效地用好传动角？

实训三　渐开线直齿圆柱齿轮参数的测定

一、实训目的

(1)掌握用简单量具测定渐开线直齿圆柱齿轮基本参数的方法。
(2)理解渐开线的性质及齿轮各参数之间相互关系。

二、实训准备

(1)实训类型：验证型。
(2)预习内容：
①渐开线直齿圆柱齿轮各部分的名称和主要参数。
②几何尺寸的计算。
(3)实训前要思考的问题：决定齿廓形状的基本参数有哪些？
(4)实训所需的仪器、设备、元器件、材料、工具等：被测齿轮（每组选用两个渐开线直齿圆柱齿轮，一个齿数为偶数，一个齿数为奇数）、精度为 0.02 mm 的游标卡尺、公法线千分尺、计算器、笔和稿纸。

三、实训设备使用注意事项

(1)测量前应将游标卡尺擦干净，量爪贴合后游标和尺身零件应对齐。
(2)测量时，游标卡尺、公法线千分尺所用的测力以两量爪刚好接触零件表面为宜。
(3)测量时应防止游标卡尺歪斜。
(4)在读数时，避免视线误差。

四、实训简介、实训步骤与注意事项

1. 实训简介
测量渐开线直齿圆柱齿轮的尺寸，确定其基本参数，并判别是否为标准齿轮。

2. 实训步骤
(1)确定齿轮的齿数 Z：数出待测齿轮的齿数，填入表 1-2-1 中。

表 1-2-1　测量数据　　　　　　　　　　（单位：mm）

项目 序号	奇数齿轮 Z_1：____					偶数齿轮 Z_2：____			
	$W_K(K=$____$)$	W_{K+1}	H_1	H_2	D	$W_K(K=$____$)$	W_{K+1}	d_a	d_f
1									
2									
3									
平均值									
测量结果	$d_a=$		$d_f=$						

(2)测定齿顶圆直径 d_a 和齿根圆直径 d_f,为减少测量误差,同一数值应在圆周上间隔约 $120°$ 位置处的不同地方测量三次,再取算术平均值,填入表 1-2-1 中。

测偶数齿齿轮时, d_a 和 d_f 可用游标卡尺在待测齿轮上直接测量,如图 1-2-4 所示。测奇数齿齿轮时,因直接测量得不到 d_a 和 d_f 的真实值,所以应采用间接测量方法,如图 1-2-5 所示。先测出齿轮安装孔直径 D,再分别测出孔壁到某一齿顶的距离 H_1 和孔壁到某一齿根的距离 H_2,将测量结果填入表 1-2-1 中, d_a 和 d_f 可按下列式求出:

$$d_a = D + 2H_1 (\text{mm})$$
$$d_f = D + 2H_2 (\text{mm})$$

(3)计算全齿高 h: $h = H_1 - H_2(\text{mm})$ 或者 $h = (d_a - d_f)/2(\text{mm})$,填入表 1-2-2 中。

表 1-2-2　按公式计算结果　　　　　　　　　　　(单位:mm)

项目 序号	m	p_b	h	d_a(标准)	d_f(标准)
奇数齿轮					
偶数齿轮					

(4)测定公法线长度 W_K 和 W_{K+1},填入表 1-2-2 中;计算基圆齿距 P_b,填入表 1-2-2 中。

用游标卡尺测出 K 个齿和 $K+1$ 个齿的公法线长度 W_K 和 W_K+1,从而计算出齿轮的基圆齿距 P_b。

$$P_b = W_{K+1} - W_K = \pi m \cos\alpha (\text{mm})$$

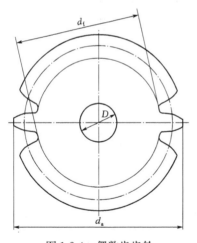

图 1-2-4　偶数齿齿轮

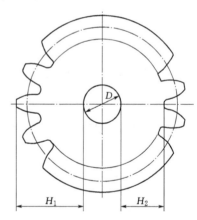

图 1-2-5　奇数齿齿轮

卡尺所测齿数可参照表 1-2-3 选取($\alpha = 20°$)。

表 1-2-3　卡尺所卡齿数参照表

Z	12~18	19~27	28~36	37~45	46~54	55~63	64~72	73~81
K	2	3	4	5	6	7	8	9

　　首先根据被测齿轮的齿数 Z，按表 1-2-3 查出跨齿数 K，再按图 1-2-6 所示方法分别测出跨 K 个齿和 $K+1$ 个齿的公法线长度值 W_K 和 W_{K+1}，因齿轮存在公法线长度变动量误差，所以测量 W_K 和 W_{K+1} 值时，应在相同的几个齿上进行。

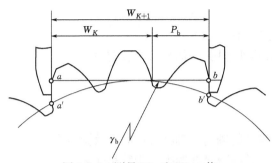

图 1-2-6　测量 W_K 和 W_{K+1} 值

　　(5)确定模数 m 和压力角 α，填入表 1-2-2 中。

　　因为齿轮分度圆上的 m 和 α 已标准化，所以可通过下式求得：

$$m = p_b / \pi \cos\alpha$$

　　(6)判定被测齿轮是否为标准齿轮。

　　按下述标准齿轮计算公式验证被测齿轮是否为标准齿轮：

$$d_a = m(z+2)\text{mm}$$

$$d_f = m(z-2.5)\text{mm}$$

式中，模数取步骤(5)所得标准值，计算出的结果填入表 1-2-2 中，与表 1-2-1 测量结果相比：若测出的齿顶圆直径 d_a 和齿根圆直径 d_f 与按上式求出的数值相差较多，则被测齿轮为变位齿轮，当 d_a 和 d_f 的测量值均大于计算值时，为正变位齿轮；反之则为负变位齿轮。若数值相近则为标准齿轮。

　　对于公制齿轮因 $\alpha = 20°$，可代入上式求出相应的 m 值。

　　3. 注意事项

　　(1)测量公法线长度时，不能用公法线千分尺测量的可用游标卡尺，使两卡脚与两齿廓的切点大致落在分度线附近。

　　(2)奇数齿轮和偶数齿轮的齿顶圆和齿根圆直径获取方法不同。

　　(3)由于齿轮制造时有误差，加之量具及测量均有误差，所以根据前述公式计算出模数后，应将其与标准模数表对照，确定出齿轮的实际模数。

五、实训报告

　　按实训报告要求填写实训报告。

六、实训思考题

　　(1)齿轮有哪些基本参数？如何确定这些参数的值？

　　(2)测量公法线长度时，卡尺的卡脚若放在渐开线齿廓的不同位置上，对所测定的公法线长度 W_K 和 W_{K+1} 有无影响？

实训四　齿轮减速器的拆装

一、实训目的

(1)熟悉减速器的基本结构。

(2)分析减速器中各零件作用、结构形状及装配关系。

二、实训准备

(1)实训类型:验证型。

(2)预习内容:轴上零件的轴向、周向定位、固定及调整方法。

(3)实训前要思考的问题:减速器的拆装步骤是什么?

(4)实训所需的仪器、设备、元器件、材料、工具等:齿轮减速器、扳手、螺丝刀、钢尺、游标卡尺、内卡钳、外卡钳。

三、实训设备使用注意事项

(1)测量前应将游标卡尺擦干净,量爪贴合后游标和尺身零件应对齐。

(2)测量时,游标卡尺所用的测力以两量爪刚好接触零件表面为宜。

(3)测量时应防止游标卡尺歪斜。

(4)在读数时,避免视线误差。

四、实训简介、实训步骤与注意事项

1. 实训简介

按程序拆装减速器,分析减速器的结构,测量并计算减速器的主要参数。二级减速器结构如图 1-2-7 所示。

2. 实训步骤

(1)观察减速器外表及零件的形状、结构和各零件间的相互装配关系和位置。

(2)用手转动高速轴,了解减速机的运转情况。

(3)利用扳手、螺丝刀、内卡钳、外卡钳等工具,拧开箱盖与机座连接螺栓及轴承盖螺钉,拔出定位销,借助起盖螺钉打开箱盖。

(4)边拆卸边观察分析:箱体的结构形状;轴系的定位及固定;轴上零件的轴向和周向定位及固定方法;传动零件所受的轴向力和径向力向箱体传递的路线;高速轴承间隙的结构形式;润滑与密封方式;箱体附件(如通气孔、油标、定位销等)的结构特点、位置和作用;零件的材料等。

(5)画出传动示意图,测定减速器的主要参数(如齿数、传动比)。

(6)将减速器的每个零件清理干净,将减速器装配复原。

3. 注意事项

(1)实训前必须预习实训指导书,初步了解减速器的基本结构。

(2)切忌盲目拆装,拆卸前要仔细观察零部件的结构及位置,考虑好合理的拆装顺序,拆

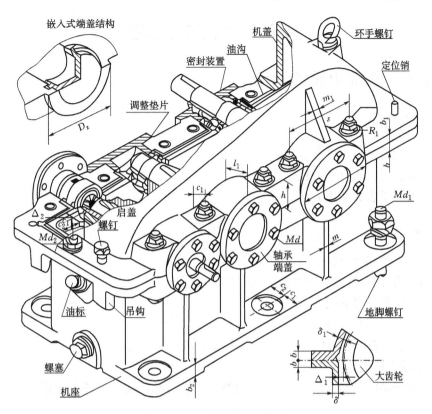

图 1-2-7 二级减速器结构图

下的零、部件要妥善安放好，避免丢失和损坏。

（3）爱护工具及设备，仔细拆装使箱体外的油漆少受损坏。

五、实训报告

按实训报告要求完成实训报告。

六、实训思考题

（1）试以低速轴为例，说明轴上零件的周向固定和轴向固定的方法。

（2）试以减速器外壳为例，谈谈它的安装顺序及注意事项。

课程三 电工电子基础

实训一 直流电路的认识

一、实训目的

(1)学会使用电工原理实训箱。
(2)掌握直流稳压电源的使用方法。
(3)掌握万用表的使用方法。

二、实训准备

(1)实训类型:综合型。
(2)预习内容:查阅教材,弄清电压和电位的概念。
(3)实训前要思考的问题:
①直流稳压电源与一般的电池有何不同?
②在测量电路中的电压、电流时,应怎样接入电压表和电流表?
③电源输出端能短路吗?
(4)实验所需的仪器、设备、元器件、材料、工具等:晶体管直流稳压电源、电工原理实训箱、万用表。

三、实训设备使用注意事项

1. 设备的使用
(1)晶体管直流稳压电源是供给电路电源的主要设备,它能提供 40 V 以下连续可调的直流电压(符合安全电压要求)。
(2)电工原理实训箱的使用:电工原理实训箱是完成电工技能训练的主要设备,由电路模块(或万能接线卡)、万能接线座及箱内元件等部分组成。箱内的电压表和电流表可用于测量交直流电压和电流。
(3)万用表的使用:万用表用途非常广泛,可以用来测量电阻、直流电压和交流电压、直流电流,有的还可以测量电感、电容及三极管放大倍数等参数。

2. 注意事项
(1)使用直流稳压电源时不允许电源输出端短路,使用输出电压时要分清正负极。
(2)使用电工原理实训箱时要选择合适的电路模块来实现电路的连接,使用箱内电压、电流表要注意量限。
(3)测量电压时,电压表应并联在被测电路中使用;测量电流时,电流表应串联在被测电路中使用。
(4)使用万用表要注意测量内容及量限,选择合适的挡位。测量电阻时,万用表每换一次挡都应调零,并选择合适的挡位使指针指在均匀的刻度范围。不允许带电测电阻,万用表使用完毕后,应转换开关置于交流电压的最高挡位或 OFF 的位置。

四、实训简介、实训步骤与注意事项

(一)实训简介

练习使用直流稳压电源、万用表,并用万用表测量直流电路的电流、电压和电位。

(二)实训步骤

1. 直流稳压电源的使用

(1)熟悉直流稳压电源面板上各开关、旋钮的位置,了解其使用方法。

(2)将直流稳压电源的电源插头插入 220 V 插座,关闭电源开关指示灯亮。

(3)调节"粗调旋钮"到合适位置,将电流、电压指示置于电压位置,将"细调旋钮"从最小位置调到最大位置,观察直流稳压电源所配置的电压表的指示情况。

(4)按表 1-3-1 给出的电压值确定"粗调旋钮"挡位,调出该电压值。

表 1-3-1 "粗调旋钮"挡位记录表

输出电压值(V)	2.0	8.0	12.0	16.0	27.0	32.0
"粗调旋钮"挡位						

2. 万用表的使用

(1)确定被测量是电阻、直流电压(或交流电压)还是直流电流,将转换开关置于对应的功能区。

(2)估计被测量的大小范围,选择合适量程,如果无法知道被测量大小范围,应先选用最大量程,后根据被测量的大小,改变合适量程。

(3)分辨表盘刻度,读出测量值大小。

测量值=(指针指示数/满偏示数)×量程。

(4)按表 1-3-2 给出的条件,用万用表完成各项测量。

表 1-3-2 万用表测量电阻、电压记录表

被测电阻(Ω)	10	100	510	1k	7.5k	15k
指针指示值及挡位						
被测电压设置(V)	2.0	8.5	12.0	16.8	27.3	30.0
电压测量值(V)						

3. 电流、电压和电位的测量

(1)按图 1-3-1 所示原理图,完成电路的连接。$R_1=300\ \Omega,R_2=200\ \Omega,R_3=100\ \Omega,U_{S1}=12\ V,U_{S2}=9$。

(2)分别以 A、D 两点为参考点,测量 I_1、I_2、I_3、U_{AB}、U_{AD}、U_{BC}、U_{BD}、U_{CD}、U_A、U_B、U_C、U_D,将所测数值填入表 1-3-3 中。注意测量时若电压表或电流表指针反偏,请将两表棒对调,测量值记负值(说明电压或电流参考方向与实际方向相反)。

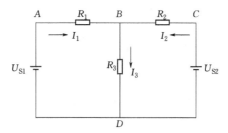

图 1-3-1　电流、电压和电位的测量原理图

表 1-3-3　不同参考点电位记录

参考点	电流(mA)				电压(V)				电位(V)			
	I_1	I_2	I_3	U_{AB}	U_{AD}	U_{BC}	U_{BD}	U_{CD}	U_A	U_B	U_C	U_D
A												
D												

（三）注意事项

(1)注意仪器仪表的正确使用方法,保证设备安全。

(2)实验中的接线、改接、拆线都必须在切断电源的情况下进行(包括安全电压),线路连接完毕再送电,严禁带电操作。

(3)在电路通电情况下,人体严禁接触电路中不绝缘的金属导线和带电连接点。万一遇到触电事故,应立即切断电源,保证人身安全。

(4)实验结束清点仪器设备,保持实验环境整洁。

五、实训报告

(1)完成训练步骤和对应表格数据的填写,整理实训数据,并与理论计算值进行比较,分析产生误差的原因。

(2)根据测量结果,说明电压与电位有何区别和联系。

(3)写出心得体会。

六、实训思考题

(1)晶体管直流稳压电源输出电压的调节有哪些步骤?晶体管直流稳压电源输出端为什么不允许短路?

(2)使用万用表时有什么注意事项?用万用表的电流挡或欧姆挡测量电压会有什么不良后果?为什么?

实训二　基尔霍夫定律的验证

一、实训目的

(1)验证基尔霍夫定律,加深对基尔霍夫定律的理解。

(2)进一步掌握直流稳压电源、电压表、电流表的使用。

二、实训准备

(1)实训类型：验证型。

(2)预习直流稳压电源、电压表、电流表的使用方法。

(3)实训前要思考的问题：

①实训有哪些内容和步骤？

②直流稳压电源、电压表、电流表的如何使用、如何读数？使用时应注意哪些问题？

(4)实验所需的仪器、设备、元器件、材料、工具等：电工原理实验箱一台。晶体管直流稳压电源一台。

三、实训设备使用注意事项

1. 设备使用

箱内电压表的使用：选择合适的量程，将电压表与被测电路并联。测直流时，正笔(红笔)应接高电位端。测量时若电压表指针反偏，应将电压表两表棒对调，再进行测量。

$$测量值＝(量程/满偏示数)×指针指示数$$

箱内电流表的使用：选择合适的量程，将电流表与被测电路串联(电线插头一边插在电流表下的插口内，一边插在电路的相应插口内)。测直流时，正笔应接电流的流入端。改变量限前应先断开开关。若电流表指针反偏应立即将两表棒对调，再进行测量。

$$测量值＝(量程/满偏示数)×指针指示数$$

2. 实训注意事项

(1)实训前要在电工技术实验箱中合理选择电路模块实现所做实训的电路连接。

(2)使用直流稳压电源时要分清输出电压正负极性，不允许电源输出端短路。

(3)使用电压表、电流表时要注意接法和量限选择。测量时若电压表或电流表指针反偏，请将两表棒对调，测量值记负值(说明电压或电流参考方向与实际方向相反)。

四、实训简介、实训步骤与注意事项

(一)实训简介

验证基尔霍夫电流定律、电压定律。

(二)实训步骤

1. 验证基尔霍夫电流定律

(1)打开实验箱，找到能实现电路连接的电路模块，按图 1-3-2 所示完成电路的连接。$R_1＝300\ \Omega$，$R_2＝200\ \Omega$，$R_3＝100\ \Omega$，$U_{S1}＝12\ V$，$U_{S2}＝9\ V$。

(2)调节稳压电源左路输出 U_{S1} 为 12 V，右路输出 U_{S2} 为 0 V(电压值以箱内电压表为准，U_{S2} 为 0 V 表示电路中 U_{S2} 处用短路线代替)。

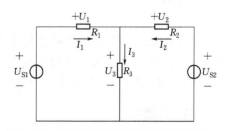

图 1-3-2　验证基尔霍夫电流定律接线图

（3）电流表量限选择为直流 50 mA，将电流表的插头依次插入电路板的三个电流插口中，测量各支路电流，记入表 1-3-4 中。

（4）分别改变 U_{S2} 为 3 V 和 6 V，测各支路电流，记入表中。

（5）计算 $I_1+I_2+I_3$，验证 $I_1+I_2+I_3$ 是否为 0。

表 1-3-4　验证基尔霍夫电流定律记录表

验证基尔霍夫电流定律									
U_{S1}	U_{S2}	I_1		I_2		I_3		$I_1+I_2+I_3$	
		计算值	测量值	计算值	测量值	计算值	测量值	计算值	测量值
12 V	0 V								
	3 V								
	6 V								

2. 验证基尔霍夫电压定律

（1）实训线路同图 1-3-2。

（2）电压表量限选择为直流 15 V，用电压表依次测量 U_1，U_2，U_3，记入表 1-3-5，验证 $U_1+U_3=U_{S1}$，$U_2+U_3=U_{S2}$，即 $\sum U=0$。

表 1-3-5　验证基尔霍夫电压定律记录表

验证基尔霍夫电压定律									
U_{S1}	U_{S2}	U_1		U_2		U_3		$U_1+U_2+U_3$	
		计算值	测量值	计算值	测量值	计算值	测量值	计算值	测量值
12 V	0 V								
	3 V								
	6 V								

（三）注意事项

（1）注意仪器仪表的正确使用方法，保证设备安全。

（2）实验中的接线、改接、拆线都必须在切断电源的情况下进行（包括安全电压），线路连接完毕再送电，严禁带电操作。

（3）测试前要确定测量内容，将量程转换旋钮旋到相应挡位上，以免烧毁仪表。如果不知道被测物理量的大小，要先从大量程开始试测。测试过程中，不要任意旋转挡位变换旋钮。

（4）电压、电流根据图中标注的参考方向来测量，若仪表指针反偏（说明电压、电流的实际方向与参考方向相反），则将两表棒对调，在测试数值前加"－"号。

（5）实验结束清点仪器设备，保持实验环境整洁。

五、实训报告

按实训报告的要求完成表 1-3-4、表 1-3-5，验证 $\sum I=0$，$\sum U=0$。

六、实训思考题

使用直流电压表、电流表时如何读取测量值？测量值在数值上一定等于指针所指示的数值吗？为什么？

实训三　日光灯电路的安装及功率因数的提高

一、实训目的

(1)掌握日光灯的工作原理,学会日光灯电路的安装方法。
(2)通过实训了解功率因数的提高的意义。
(3)学会功率表的使用方法。

二、实训准备

(1)预习内容:预习电工电子基础教材相关内容。
(2)思考题:提高功率因素的意义是什么？如何提高功率因素？
(3)实验所需的仪器、设备、元器件、材料、工具等:DGX-Ⅲ电工原理实训箱 1 台、单相自耦调压变压器 1 台、单相功率表 1 块、可变电容箱 1 个、日光灯箱 1 台。

三、实训设备使用注意事项

(1)使用功率表时,必须注意选择合适的量程。
(2)调压变压器输入、输出不能接反,接通和断开电源时都必须回零。
(3)使用电工原理实训箱内电压表和电流表时,要注意测量内容及量限。
(4)实训线路连接完毕必须经过老师检查,无误后方能接通电源。本次实训使用电源电压较高,实训过程中一定要注意人身安全。
(5)功率表的电压、电流线圈接线应符合要求,应正确选择量限。

四、实训简介、实训步骤与注意事项

1. 实训简介

日光灯电路原理图如图 1-3-3 所示。

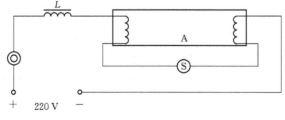

图 1-3-3　日光灯电路原理图

启辉器相当于一只自动开关,能自动接通电路(加热灯丝)或开断电路(使镇流器产生高压,使管内气体击穿放电)。镇流器的作用除了感应出高压使灯管 A 放电外,还可在日光灯正常工作时起限制电流的作用,镇流器的名称也由此而来。由于电路中串联了镇流器,它是电感量较大的线圈,因此电路的功率因数较低。

负载功率因数过低,一方面没有充分利用电源的容量,另一方面又在输电线路中增加损耗。为了提高功率因数,一般最常用的方法是在负载两端并联一个大小合适的电容器,抵消负载电流的一部分无功分量。实训中在日光灯接电源两端并联一个电容箱,当电容器的容量逐步增加时,电容支路的电流 I_C 也随之增加。由于电路的总电流 $\dot{I} = \dot{I}_C + \dot{I}_L$,所以,随着 I_C 的增加,电路的总电流反而逐渐减小。

2. 实训步骤

(1)按图 1-3-4 所示的实训线路接线。图 1-3-5 所示为电容箱。

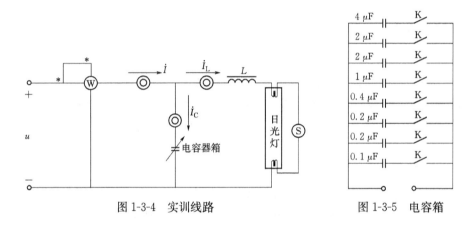

图 1-3-4   实训线路   图 1-3-5   电容箱

(2)按表 1-3-6 的要求改变可变电容箱的电容数值,测出各支路的电流、电压及功率并填入表中。

表 1-3-6   可变电容对应参数变化记录表

$C(\mu F)$	$U(V)$	$U_L(V)$	$U_R(V)$	$I(mA)$	$I_L(mA)$	$I_C(mA)$	$P(W)$
0							
1							
2							
3							
4							
5							
6							

3. 注意事项

(1)实验线路连接完毕必须经过老师检查,无误后方能接通电源,并且接通电源前必须通知同组同学,以防止触电事故。

（2）注意仪器仪表的正确使用方法，保证设备安全。

（3）实验中的接线、改接、拆线都必须在切断电源的情况下进行（包括安全电压），线路连接完毕再送电，严禁带电操作。

（4）测试前要确定测量内容，将量程转换旋钮旋到相应挡位上，以免烧毁仪表。如果不知道被测物理量的大小，要先从大量程开始试测。测试过程中，不要任意旋转挡位变换旋钮。

（5）在电路通电情况下，人体严禁接触电路中不绝缘的金属导线和带电连接点。万一遇到触电事故，应立即切断电源，保证人身安全。

（6）实验中，特别是设备刚投入运行时，要随时注意仪器设备的运行情况，如发现有超量程、过热、异味、冒烟、火花等情况，应立即断电，并请指导老师检查。

（7）实验结束清点仪器设备，保持实验环境整洁。

五、实训报告

完成表 1-3-6 的数据，分析电路中各电压间的关系。

六、实验思考题

如何提高电路的功率因数？怎样判断选择的电容容量合适？

课程四　机械CAD

实训一　组合体

一、实训目的

(1)掌握点、线、圆等绘制方法。
(2)掌握文字、尺寸的标注及各种命令的综合应用。

二、实训准备

(1)实训类型：综合型。
(2)预习内容：
①计算机基础知识，组合键、功能键、鼠标的使用技巧。
②制图的国家标准及三视图的识图。
③点、线、弧、多边形等的绘制技能、技巧。
(3)实训所需的设备、材料、工具等：计算机。

三、实训设备使用注意事项

(1)认真执行机房管理规定，严格遵守操作规程，不做与实训无关的事。
(2)服从老师安排，有秩序就座。

四、实训简介、实训步骤与注意事项

1. 实训简介

本实训主要完成两个组合体视图的绘制。通过训练使学生掌握绘图环境的设置方法，能熟练并准确应用基础绘图指令；能精准、快速的绘制图形。

2. 实训步骤

如图 1-4-1 所示，该组合体由主、俯视图组成，主要运用"直线""圆""偏移""修剪""对象捕捉""对象追踪""图案填充"等命令来完成图形的绘制。

(1)进入绘图环境：启动 Auto CAD，设置好图层并以"学号－姓名－次数"的名称保存文档，设置自动保存时间间隔分钟数为 1分钟。

(2)绘制主、俯视图大圆中心线，运用"偏

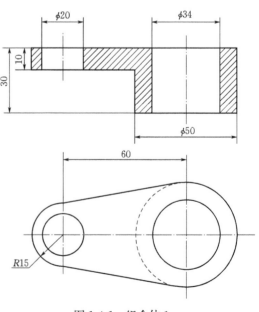

图 1-4-1　组合体 1

移"命令绘制小圆中心线。

(3)用"圆"命令绘制俯视图中 $\phi50$、$\phi34$、$\phi20$、$\phi30$ 的圆。

(4)用"直线""对象捕捉""对象追踪"等命令绘制俯视图两切线。

(5)用"直线"命令绘制主视图各轮廓线,用"修剪"命令完成各图形的完整形状。

(6)将主视图进行图案填充。

(7)标注主、俯视图中各尺寸。

(8)保存文档。

如图 1-4-2 所示,该组合体是一个轴套类的零件,由主、俯视图组成,主要运用"直线""圆""偏移""修剪""对象捕捉""对象追踪""图案填充"等命令来完成图形的绘制。在这个图形中,还要制作粗糙度和基准符号的块。

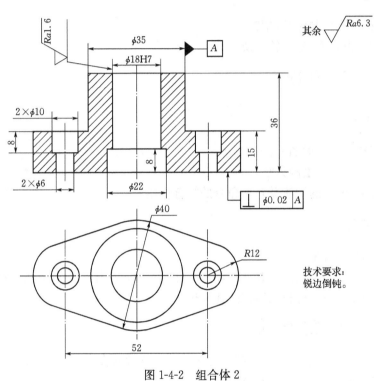

图 1-4-2　组合体 2

(1)进入绘图环境:制作粗糙度和基准符号的块。

(2)绘制主、俯视图大圆中心线,运用"偏移"命令绘制小圆中心线。

(3)用"圆"命令绘制俯视图中 $\phi40$、$\phi35$、$\phi22$、$2\times\phi10$、$2\times\phi6$ 的圆。

(4)用"直线""对象追踪"等命令绘制俯视图切线。

(5)用"直线""偏移""修剪"命令绘制主视图各轮廓线。

(6)将主视图进行图案填充。

(7)注写技术要求,标注主、俯视图中各形位公差及尺寸。

(8)保存文档并将保存好的文档进行提交。

3. 注意事项

(1)完成后的图形要显示各种线型特征,体现制图国家标准要求。

(2)注意设定自动保存时间,以免误操作将所画图形丢失。

(3)注意文档保存名称、格式的统一要求。

五、实训报告

(1)以所绘图形作为实训报告进行提交。

(2)完成后的图形要显示各种线型特征,体现制图国家标准要求。

(3)注意文档保存的名称、路径,以正确方式提交。

六、实训思考题

(1)如何设置图层、颜色、线型?

(2)如何创建粗糙度、基准符号块?

实训二　组合体进阶

一、实训目的

(1)了解旋转剖视的读图方法。

(2)掌握点、线、圆等绘制方法。

(3)掌握文字、尺寸的标注及各种命令的综合应用。

二、实训准备

(1)实训类型:综合型。

(2)预习内容:绘图环境的设置方法,基础绘图指令应用,图形绘制方法、技巧。

(3)实训所需的设备、材料、工具等:计算机。

三、实训设备使用注意事项

(1)认真执行机房管理规定,严格遵守操作规程,不做与实训无关的事。

(2)服从老师安排,有秩序就座、实训。

四、实训简介、实训步骤与注意事项

1. 实训简介

本实训主要完成图 1-4-3、图 1-4-4 所示两个组合体视图的绘制。通过训练使学生掌握绘图环境的设置方法,能熟练并准确应用基础绘图指令;能精准、快速的绘制图形。

2. 实训步骤

如图 1-4-3 所示,该组合体由主、俯视图组成,主要运用"直线""圆""偏移""修剪""对象捕捉""对象追踪""图案填充"等命令来完成图形的绘制。

(1)进入绘图环境:启动 Auto CAD,设置好图层并以"学号-姓名-次数"的名称保存文档,设置自动保存时间间隔分钟数为1分钟。

(2)绘制主、俯视图中圆的中心线。

(3)运用"偏移"命令绘制俯视图 50×50、50×100 外框,修剪多余线条。

(4)用"偏移"命令绘制圆角矩形中心线及两个 $R8$ 的小圆,修剪小圆,完成俯视图。

(5)用"直线""对象捕捉""对象追踪""偏移"等命令绘制主视图中各轮廓线。

(6)用"修剪"命令完成图形的完整形状。

(7)将主视图进行图案填充。

(8)标注主、俯视图中各尺寸。

(9)保存文档。

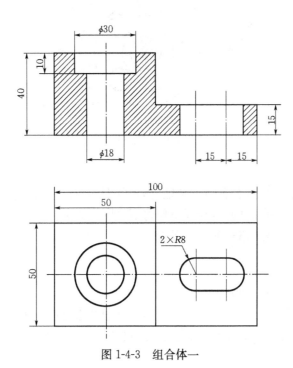

图 1-4-3 组合体一

如图 1-4-4 所示,该组合体由主、俯视图组成,主要运用"直线""圆""偏移""修剪""对象捕捉""对象追踪""图案填充"等命令来完成图形的绘制。

(1)进入绘图环境。

(2)绘制主、俯视图圆的中心线。

(3)绘制俯视图各圆及旋转剖切位置、符号。

(4)修剪多余线条后,完成俯视图。

(5)用"直线""对象捕捉""对象追踪""偏移"等命令绘制主视图中各轮廓线。

(6)用"修剪"命令完成主视图的完整形状。

(7)将主视图进行图案填充。

(8)标注主、俯视图中各尺寸。

(9)保存文档。

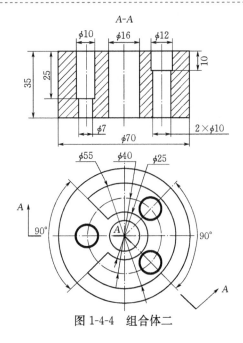

图 1-4-4 组合体二

3. 注意事项

(1)完成后的图形要显示各种线型特征,体现制图国家标准要求。

(2)注意设定自动保存时间,以免误操作将所画图形丢失。

(3)注意文档保存名称、格式的统一要求。

五、实训报告

(1)以所绘图形作为实训报告提交。

(2)完成后的图形要显示各种线型特征,体现制图国家标准要求。

(3)注意文档保存的名称、路径,以正确方式提交。

六、实训思考题

(1)如何使用"极轴"命令精确绘制图线?

(2)简述旋转剖切后视图的作图和标注方法。

实训三 阀盖

一、实训目的

(1)掌握点、线、弧等绘制方法。

(2)掌握文字、尺寸的标注及各种命令的综合应用,特别应掌握盘盖类零件绘制方法、技巧。

(3)初步具备中等复杂程度零件的绘制能力。

二、实训准备

(1)实训类型:综合型。

(2)预习内容：

①计算机基础知识,组合键、功能键、鼠标的使用技巧。

②制图的国家标准及三视图的识图。

③点、线、弧、多边形等图形的绘制技能、技巧。

(3)实训所需的设备、材料、工具等:计算机。

三、实训设备使用注意事项

(1)认真执行机房管理规定,严格遵守操作规程,不做与实训无关的事。

(2)服从老师安排,有秩序就座、实训。

四、实训简介、实训步骤与注意事项

1. 实训简介

通过训练使学生更加熟悉绘图环境的设置方法及基础绘图指令的应用;能更精准、快速的绘制图形,初步具备中等复杂程度零件的绘制能力。

2. 实训步骤

如图 1-4-5 所示,该阀盖零件由主、左视图组成,主要运用"直线""极轴""圆""圆角""偏移""修剪""对象捕捉""对象追踪""图案填充"等命令来完成图形的绘制。

(1)进入绘图环境:启动 Auto CAD,设置好图层并以"学号－姓名－次数"的名称保存文档,设置自动保存时间间隔分钟数为 1 分钟。

(2)绘制主、左视图中心线。

(3)运用"圆"命令绘制左视图 $\phi70$ 中心线及 $\phi20$、$\phi28.5$、M36×2-6g。

(4)用"极轴"命令绘制左视图中 45°直线;用"圆"命令绘制 $\phi14$、$\phi10$ 的圆。

(5)用"阵列"命令绘制 $4\times\phi14$、$4\times\phi10$ 的圆。

(6)用"直线"命令绘制 75×75 的框。

(7)用"圆角"命令修剪 R13 的角。

(8)标注左视图各尺寸及剖切位置、方向、符号,完成左视图的绘制。

(9)用"直线""对象捕捉""对象追踪""偏移"命令绘制主视图各外轮廓线并修剪图形。

(10)用"直线""对象捕捉""对象追踪""偏移"命令绘制主视图各内轮廓线并修剪图形。

(11)将主视图进行图案填充。

(12)标注主视图中的尺寸、形位公差、表面粗糙度。

(13)标注技术要求及其他文字,完成整个阀盖图形的绘制。

(14)按规定的要求保存文档并提交。

3. 注意事项

(1)完成后的图形要显示各种线型特征,体现制图国家标准要求。

(2)注意设定自动保存时间,以免误操作将所画图形丢失。

(3)注意文档保存名称、格式的统一要求。

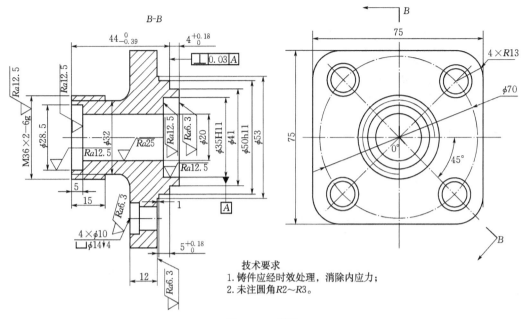

图 1-4-5 阀盖

五、实训报告

(1)以所绘图形作为实训报告提交。

(2)完成后的图形要显示各种线型特征,体现制图国家标准要求。

(3)注意文档保存的名称、路径,以正确方式提交。

六、实训思考题

(1)如何修改块的属性?

(2)尺寸公差有哪些标注形式?

实训四 轴

一、实训目的

(1)掌握点、线、圆、多边形等绘制方法。

(2)掌握文字、尺寸的标注及各种命令的综合应用,特别是轴类零件绘制方法、技巧。

二、实训准备

(1)实训类型:综合型。

(2)预习内容:

①计算机基础知识,组合键、功能键、鼠标的使用技巧。

②中等复杂程度零件的识图能力。

③点、线、弧、多边形等绘制技能、技巧,轴类零件的表达方式。

(3)实训所需的设备、材料、工具等:计算机。

三、实训设备使用注意事项

(1)认真执行机房管理规定,严格遵守操作规程,不做与实训无关的事。

(2)服从老师安排,有秩序就座、实训。

四、实训简介、实训步骤与注意事项

1. 实训简介

本实训主要完成轴类零件图的绘制。通过训练使学生熟练掌握绘图环境的设置方法,能熟练并准确应用基础绘图指令;能精准、快速的绘制图形,初步具备中等复杂程度零件的绘制能力。

2. 实训步骤

如图 1-4-6 所示,该轴由主视图、移出断面图组成,主要运用"直线""圆""倒角""偏移""修剪""对象捕捉""对象追踪""图案填充"等命令来完成图形的绘制。

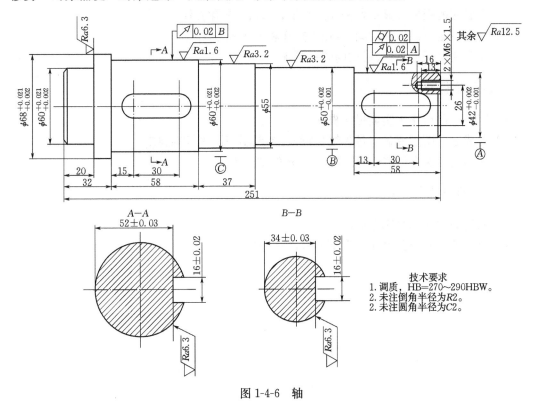

图 1-4-6　轴

(1)进入绘图环境:启动 Auto CAD,设置好图层和粗糙度、基准符号块,并以"学号一姓名一次数"的名称保存文档,设置自动保存时间间隔分钟数为 1 分钟。

(2)绘制主视图中心线。

(3)用"直线"命令绘制一条长度约为 260 mm 的水平点划线。

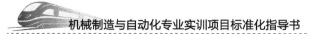

(4)用"偏移"命令绘制主视图 $\phi42$、$\phi50$、$\phi55$、$\phi60$ 和 $\phi68$ 的直线及长度尺寸为 21、25、27.5、30 和 34 的竖线。

(5)修剪轴的各段尺寸,以达到图纸要求。

(6)用"直线""圆"命令绘制 16×60、16×42 的腰形键槽。

(7)用"倒角"命令绘制 $2\times C2$ 的倒角,用倒圆命令绘制 $5\times R2$ 的圆角,完成主视图的绘制。

(8)标注主视图的尺寸、形位公差、表面粗糙度。

(9)用"直线"命令绘制剖切位置 $A—A$、$B—B$,标注投影方向及符号。

(10)绘制断面图中心线,并用"圆"命令、"直线"命令绘制断面图,修剪图形。

(11)对断面图进行图案填充,完成断面图的绘制。

(12)标注断面图中的尺寸、形位公差、表面粗糙度。

(13)标注图形的其他文字、符号。

(14)按规定的要求保存文档并提交教师机。

3. 注意事项

(1)完成后的图形要显示各种线型特征,体现制图国家标准要求。

(2)注意设定自动保存时间,以免误操作将所画图形丢失。

(3)注意文档保存名称、格式的统一要求。

五、实训报告

(1)以所绘图形作为实训报告提交。

(2)完成后的图形要显示各种线型特征,体现制图国家标准要求。

(3)注意文档保存的名称、路径,以正确方式提交。

六、实训思考题

(1)简述断面图的绘制方法。

(2)标注的尺寸与其他线型有干涉时,该如何处理?

课程五　液压与气动基础

实训一　液压泵、液压阀的拆装

一、实训目的

通过对液压泵、液压阀的拆装,加深对液压泵、液压阀结构特点及工作原理的了解。

二、实训准备

(1)实训类型:综合型。

(2)预习内容:

①了解轴向柱塞泵、叶片泵及齿轮泵内每个零部件的结构。

②掌握轴向柱塞泵、叶片泵及齿轮泵的工作原理。

③了解压力阀、换向阀及流量阀内每个零部件的结构。

④掌握压力阀、换向阀及流量阀的工作原理。

(3)实训前要思考的问题:

①如何认识液压泵、液压阀的铭牌、型号等内容?

②了解拆装液压泵、液压阀的方法和拆装要点。

(4)实训所需的仪器、设备、元器件、材料、工具等:内六角扳手、固定扳手、螺丝刀、各类液压泵、液压阀。

三、实训设备使用注意事项

(1)注意扳手的使用方法,避免发生人身安全事故。

(2)拆装各类液压泵时,注意根据其结构按顺序拆装,拆下来后注意其零部件按顺序摆放,从而避免零部件的丢失。

首先按液压元件的工作原理,将整个元件分解成几个部分,分析各个部分的具体结构,找出哪些是可拆卸连接,哪些是不可拆卸连接。可拆卸连接的特点是相互连接的零件拆卸时不损坏任何零件,且拆卸后还能重新装在一起。

四、实训简介、实训步骤与注意事项

1. 实训简介

通过本次拆装实训,掌握液压泵及液压阀内每个零部件构造,了解其加工工艺要求。通过实物分析液压泵的工作三要素(三个必须的条件),阀类元件的职能符号及其工作原理。认识液压泵、液压阀的铭牌、型号等内容。

2. 实训步骤

轴向柱塞泵(图1-5-1):

(1)松开固定螺钉,分开左端手动变量机构、中间泵体和右端泵盖三部件。

（2）分解各部件。

（3）清洗、检查和分析。

（4）装配，先装部件后总装。

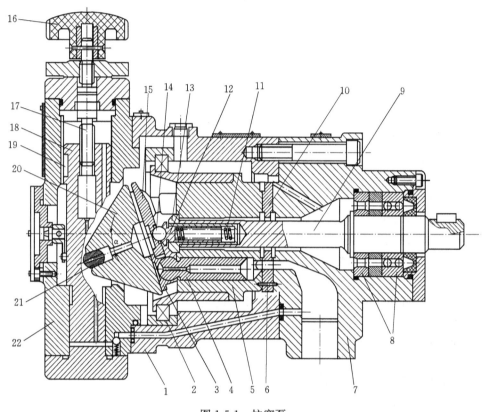

图 1-5-1　柱塞泵

1—中间泵体；2—缸外大轴承；3—滑靴；4—柱塞；5—缸体；6—定位销；7—前泵体；8—轴承；

9—传动轴；10—配流盘；11—中心弹簧；12—内套筒；13—外套筒；14—钢球；

15—回程盘；16—调节手轮；17—调节螺杆；18—变量活塞；19—导向键；

20—斜盘；21—销轴；22—后泵盖

叶片泵（图 1-5-2）：

（1）松开固定螺钉，拆下弹簧压盖，取出弹簧及弹簧座。

（2）松开固定螺钉，拆下活塞压盖，取出活塞。

（3）松开固定螺钉，拆下滑块压盖，取出滑块及滚针。

（4）松开固定螺钉，拆下传动轴左右端盖，取出左配流盘、定子、转子传动轴组件和右配流盘。

（5）分解以上各部件。

拆卸后清洗、检查、分析，装配顺序与拆卸顺序相反。

齿轮泵（图 1-5-3）：

（1）松开 6 个紧固螺钉，分开端盖；从泵体中取出主动齿轮及轴、从动齿轮及轴；

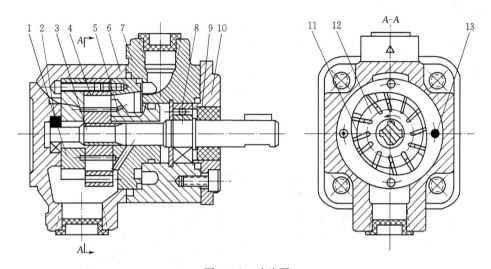

图 1-5-2 叶片泵

1、5—配流盘;2、8—滚珠轴承;3—传动轴;4—定子;6—后泵体;7—前泵体;
9—骨架式密封圈;10—盖板;11—叶片;12—转子;13—长螺钉

(2)分解端盖与轴承、齿轮与轴、端盖与油封。

装配顺序与拆卸顺序相反。

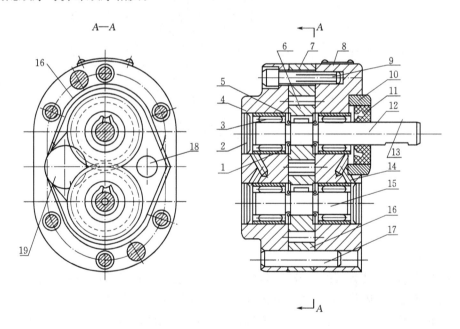

图 1-5-3 齿轮泵

1—轴承外环;2—堵头;3—滚子;4—后泵盖;5—键;6—齿轮;7—泵体;8—前泵盖;9—螺钉;
10—压环;11—密封环;12—主动轴;13—键;14—泄油孔;15—从动轴;16—泄油槽;
17—定位销;18—压油口;19—吸油口

溢流阀(图 1-5-4):

a. 先将 4 个六角螺母用工具分别拧下,使阀体与阀座分离。

b. 在阀体中拿出弹簧,使用工具将阀盖拧出,接着将阀芯拿出。

c. 在阀座部分中,将调节螺母从阀座上拧下,接着将阀套从阀座上拧下。

d. 将小螺母从调节螺母上拧出后,顶针自动从调节螺母中脱出。

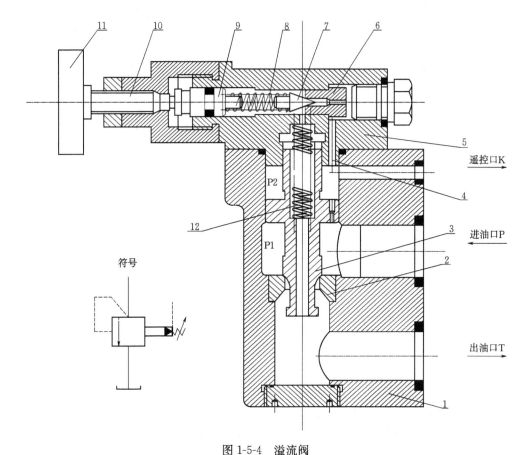

图 1-5-4 溢流阀

1—阀体;2—主阀座;3—主阀芯;4—阻尼孔;5—先导阀盖;6—先导阀座;7—先导阀锥式阀芯;
8—调压弹簧;9—调节杆;10—调压螺栓;11—手轮;12—主阀弹簧

3. 注意事项

常见的可拆卸连接有螺纹连接、销钉连接和键连接等。液压元件中螺纹连接应用最普遍,如泵体与泵盖,阀体与阀盖,液压缸体与缸盖以及管接头与元件或连接板的连接等。拆装液压元件时,应合理地确定螺栓松开或紧固的顺序,且要施力均匀,否则将会引起被连接件的变形,降低装配精度,甚至造成元件不能正常工作。

五、实训报告

按实训报告要求填写实训报告。认真完成实训小结、拆装过程的感受及实训思考题。

六、实训思考题

(1)叙述单作用叶片泵和双作用叶片泵的主要区别。
(2)齿轮泵的密封容积怎样形成的?
(3)调速阀与节流阀的主要区别是什么?

实训二 三位四通换向回路演示

一、实训目的

了解三位四通换向回路的工作原理。

二、实训准备

(1)实训类型:综合型。
(2)预习内容:
①三位四通电磁换向阀的工作原理。
②单杆活塞缸的工作原理。
③行程开关的控制方法。
④三位四通换向回路的构成,如图1-5-5所示。

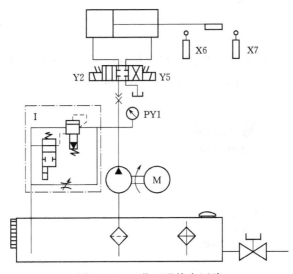

图1-5-5 三位四通换向回路

(3)实训前要思考的问题:
①三位四通电磁换向阀是如何控制换位的?
②行程开关是如何工作的?
(4)实训所需的仪器、设备、元器件、材料、工具等:双作用单杆活塞缸1个、三位四通电磁换向阀1个、行程开关2个、油管四根、力控仿真软件。

三、实训设备使用注意事项

(1)双作用单杆活塞缸、三位四通电磁换向阀、行程开关的安装方法。

由于实训台架的安装面板为带"T"形沟槽式的铝合金型材结构,可以方便地把这些液压元件安装上去,搭接实训回路。由于各液压元件均为透明塑料件,应轻拿轻放。

电磁铁的线缆为四芯式,安装时用手压下压头旋转对准后插入插口里,应保证接触良好,行程开关的电缆为两芯式,安装时同样是用手压下压头旋转对准后插入插口里,保证接触良好。

(2)油管的安装方法。

油管的接头为快速换接接头,应正确安装,防止漏油。

四、实训简介、实训步骤与注意事项

1. 实训简介

整体讲解液压实训台的结构组成,以及介绍本次实训要搭建的回路。

2. 实训步骤

(1)力控仿真软件的使用方法。

①双击显示器桌面上的"力控 PCAUTO 3.62"。

②单击"三位四通换向回路"。

③单击"进入运行"。

④单击仿真界面的"启动"。

⑤单击仿真界面的"前进"便可实现画面的仿真运动,回路模拟界面如图 1-5-6 所示。

⑥需要停止操作时,单击"停止",再单击"退出"即可。

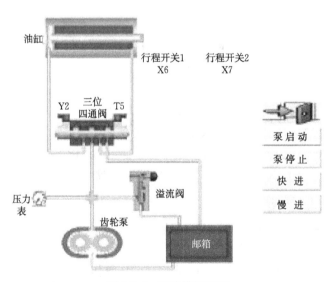

图 1-5-6 回路模拟界面

(2)回路的搭建与演示步骤。

①手动模式的换向回路搭建。

a. 首先把液压缸、三位四通电磁换向阀按大致的位置安装在工作台上,并安装好进油管和回油管。

b. 然后把两根两芯的电磁铁的线接到手动模块的 YA1、YA2 插孔上。

c. 打开总停开关,并把模式切换到继电器模式。

d. 按手动控制模块的按钮 YA1 或 YA2,观察活塞的运动情况。

②自动模式的换向回路搭建

a. 在上面回路的基础安装上两个行程开关,调整行程开关的高度和位置。

b. 然后把两根两芯的电磁铁的线接到自动模式 I 的插孔上;再把两根四芯的行程开关的线插到 I 的另两个插孔上。

c. 打开总停开关;并把模式切换到 PMC 控制模式。

d. 按下自动控制模块的 I 按钮,观察活塞的能否实现自动换向。

3. 注意事项

(1)实训的时候注意要轻拿轻放,不要弄坏液压元件。

(2)实训完成后注意将实训台清理干净,实训元器件放回原地。

(3)实训过程中一定要保证管路连接稳固,防止液压油喷溅出来。

五、实训报告

按实训报告要求填写实训报告。认真完成实训小结、操作过程的感受及实训思考题。

六、实训思考题

(1)三位四通电磁换向阀的工作原理是什么?

(2)自动模式与手动模式的区别在哪里?

实训三　进油节流调速回路演示

一、实训目的

了解进油节流调速回路的工作原理。

二、实训准备

(1)实训类型:综合型。

(2)预习内容:

①进油节流调速回路的工作原理如图 1-5-7 所示。

②调速阀的工作原理。

③行程开关的控制方法。

(3)实训前要思考的问题:

①节流阀放在液压缸前面和后面有什么区别?

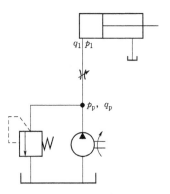

图 1-5-7　进油节流
调速回路

②溢流阀是如何工作的？

（4）实训所需的仪器、设备、元器件、材料、工具等：双作用单杆活塞缸 1 个、节流阀 1 个、溢流阀 1 个、油管 4 根、力控仿真软件。

三、实训设备使用注意事项

（1）双作用单杆活塞缸、三位四通电磁换向阀、行程开关的安装方法。

由于实训台架的安装面板为带"T"形沟槽式的铝合金型材结构，可以方便地把这些液压元件安装上去，搭接实训回路。由于各液压元件为透明塑料件，应轻拿轻放。

（2）油管的安装方法。

油管的接头为快速换接接头，安装要正确，以防漏油。

四、实训简介、实训步骤与注意事项

1. 实训简介

整体讲解液压实训台的结构组成，以及介绍本次实训要搭建的回路。

2. 实训步骤

（1）力控仿真软件的使用方法。

①双击显示器桌面上的"力控 PCAUTO 3.62"。

②单击"进油节流调速回路演示"。

③单击"进入运行"。

④单击仿真界面的"启动"。

⑤单击仿真界面的"前进"便可实现画面的仿真运动。

⑥需要停止操作时，单击　"停止"，再单击"退出"即可。

（2）回路的搭建与演示步骤。

①手动模式的进油节流调速回路搭建

a. 首先把液压缸、节流阀按大致的位置安装在工作台上，并安装好进油管和回油管。

b. 然后把两根两芯的电线接到手动模块的 YA1、YA2 插孔上。

c. 打开总停开关，并把模式切换到继电器模式。

d. 按手动控制模块的按钮 YA1 或 YA2，观察活塞的运动情况。

②自动模式的换向回路搭建。

a. 在上面回路的基础上安装两个行程开关，调整行程开关的高度和位置。

b. 然后把两根两芯的电磁铁的线接到自动模式 I 的插孔上；再把两根四芯的行程开关的线插到 I 的另两个插孔上。

c. 打开总停开关，并把模式切换到 PMC 控制模式。

d. 按下自动控制模块的 I 按钮，观察活塞移动的速度变化。

3. 注意事项

电磁铁的线缆为四芯式,安装时用手压下压头旋转对准后插入插口里,保证接触良好,行程开关的电缆为两芯式,安装时同样是用手压下压头旋转对准后插入插口里,保证接触良好。

五、实训报告

按实训报告要求填写实训报告。认真完成实训小结、操作过程的感受及实训思考题。

六、实训思考题

(1)节流调速阀的工作原理是什么?
(2)行程开关是如何工作的?

课程六　机械制造技术基础

实训一　车刀几何角度的测量

一、实训目的

(1)了解车刀量角仪的结构与工作原理,学会使用车刀量角仪测量车刀的几何角度。
(2)加深对常用车刀结构、刀具标注参考系、刀具几何角度的理解。

二、实训准备

(1)实验类型:自主型。
(2)预习内容:
①车刀切削部分的组成。
②正交平面静止参考系。
③正交平面静止参考系中刀具角度的定义与标注。
(3)实验所需的设备、材料、工具等:CDL 车刀测量仪、外圆车刀(45°车刀、90°车刀)、切断刀、螺纹刀。

三、实训设备使用注意事项

(1)遵守实训规章制度,按照仪器仪表的操作规范操作设备,并在实训前后经常用标准块校对仪器。
(2)实训结束后对实训仪器进行保养,并按规范将实训器材摆放整齐。

四、实训简介、实训步骤与注意事项

1. 实训简介
使用 CDL 车刀测量仪分别测量外圆车刀(45°车刀、90°车刀)、切断刀、螺纹刀的几何角度,根据测量结果绘制车刀在正交平面静止参考系中刀具角度。

2. 实训步骤
(1)了解 CDL 车刀量角仪的结构。
车刀量角仪为回转工作台式结构,如图 1-6-1 所示。底盘 1 为圆盘形,在零度线左右方向各有 100°的偏转角度,用于测量车刀的主偏角和副偏角,通过固定在工作台 3 上的底盘指针 2 可以直接读出两偏角的角度值;工作台 3 用于安放被测车刀,它可以绕着底盘 1 的中心,在零刻线左右 100°范围内摆动;定位块 4 作为被测车刀的测量基准,可在平台上沿滑槽左右平行滑动,使被测车刀能够到达最有利于测量的位置。
测量片 5 是 CDL 型车刀量角仪的特征部件,它上面有三个相互正交的平面,分别被称为大平面、底平面和侧平面,如图 1-6-2 所示。在测量车刀角度的过程中,这些平面可以根据

具体的情况,分别代表刀具角度坐标系中的主剖面、基面和切削平面。测量片 5 安装在大扇形刻度盘 6 上;大扇形刻度盘 6 的盘面与工作台 3 平面相垂直,上有正负 45° 的刻度,用于测量前角、后角和刃倾角,通过测量片 5 所充当的指针指出角度值;另外,立柱 7 是大扇形刻度盘 6 的安装基体,立柱上制有螺纹,旋转升降螺母 8 可以调整测量片 5 相对于车刀的上下位置;通过小扇形刻度盘 11 与指针 10 配合,可以使大扇形刻度盘 6 与工作台 3 垂直,并由螺钉 9 锁定。

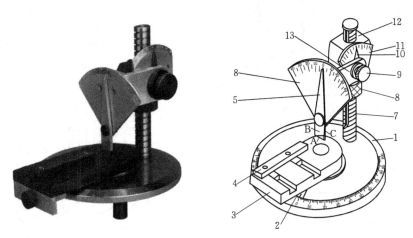

图 1-6-1　车刀量角仪

1—圆形盘;2—底盘指针;3—工作台;4—定位块;5—测量片;6—大刻度盘;7—立柱;
8—升降螺母;9—螺钉;10—指针;11—小刻度盘;12—滑体;13—弯板

(2)使用车刀量角仪测量车刀的几何角度(以 45° 外圆车刀为例)。

①主、副偏角的测量。

a. 角度定义:车刀主、副偏角分别是主(副)切削刃在基面的投影与走刀方向夹角。

b. 确定走刀方向:由于规定走刀方向与刀具轴线垂直,故在量角仪上可以把主平面上平行于平台平面的直线作为走刀方向,该方向与主(副)切削刃在基面上投影的夹角,即主(副)偏角。

c. 测量方法:顺(逆)时针旋转平台,如图 1-6-3 所示,使主(副)切削刃与主平面贴合,此时平台在底盘上所旋转的角度,即通过底盘指针在底盘刻度盘上所读出的刻度值就是主(副)偏角 $K_\tau(K'_\tau)$。

②刃倾角的测量。

a. 角度定义:车刀刃倾角是主切削刃和基面的夹角。

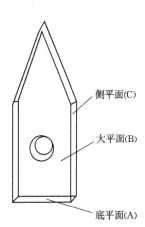

侧平面(C)

大平面(B)

底平面(A)

图 1-6-2　测量片

b. 确定主切削平面:主切削平面是过主切削刃与主加工表面相切的平面,在测量车刀的主偏角时,将主切削刃与主平面重合,就可以将主平面近似地看作主切削平面。当测量片指针指到零时,底平面可作为基面。这样就形成了在主切削平面内,基面与主切削刃的夹角,即刃倾角。

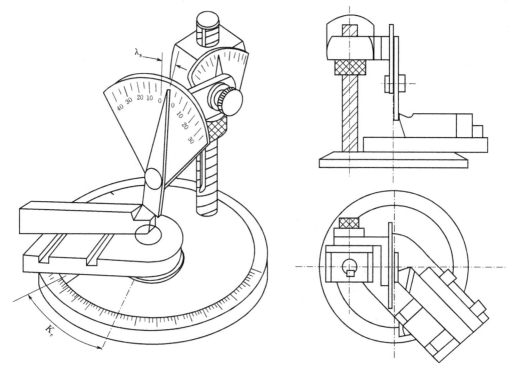

图 1-6-3　主、副偏角的测量

c. 测量方法：旋转测量片，即旋转底平面（基面）使其与主切削刃重合，如图 1-6-4 所示，测量片指针所指刻度值即为刃倾角 λ_s。

③前角、主后角的测量。

a. 角度定义：前角是指在主剖面内前刀面与基面的夹角；主后角是指在主剖面内后刀面与主切削平面的夹角。

b. 确定主剖面：主剖面是过主切削刃一点，垂直于主切削刃在基面的投影。在测量主偏角时，主切削刃在基面的投影与主平面重合（平行），如果使主切削刃在基面的投影相对于主平面旋转 90°，则主切削刃在基面的投影与主平面垂直，即可把主平面看作主剖面。当测量片指针指向零时，底平面作为基面，侧平面作为主切削平面，这样就形成了在主剖面内，基面与前刀面的夹角，即前角 γ_o；主切削平面与后刀面的夹角，即主后角 α_o。

c. 测量方法：使底平面旋转与前刀面重合，如图 1-6-5（a）所示，测量片指针所指刻度值为前角；使侧平面（即主切削平面）旋转与后刀面重合，如图 1-6-5（b）所示，测量片指针所指刻度值为后角。

④重复①～③，分别测量 90°外圆车刀切断刀、螺纹刀的几何角度，并记录测量数据。（注：切断刀有两个刀尖）。

（3）实训记录。

①数据记录在表 1-6-1 中。

②绘制、标注各种车刀的几何角度。

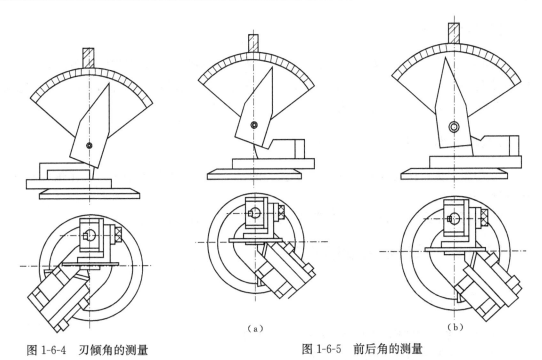

图 1-6-4　刃倾角的测量　　　　　　图 1-6-5　前后角的测量

表 1-6-1　车刀角度测量结果记录表

车刀名称	主偏角 K_τ	副偏角 K'_τ	刃倾角 λ_s	前角 γ_o	后角 α_o

3. **注意事项**

(1)在测量前必须对零对心,即车刀量角仪上三个刻度都对零时,旋转升降螺母使测量片下降,测量片指针与矩形工作台垂直对心。

(2)测量车刀角度前,必须先分辨明确主、副切削刃,前、后刀面,设定走刀方向。然后才能确定测量某一角度时量角仪的调整方法,要注意与各标注平面之间的关系。

(3)测量车刀角度时,要注意刀具与车刀量角仪的工作台、定位块的接触平面要紧密贴合,但也要防止测量刀口与工作台面撞击。

(4)测量前角时,测量片的测量面与刀具的主切削刃要垂直。

(5)测量刀刃倾角及前角时注意角度的正负号。

(6)绘制车刀的几何角度时,如测量值过小,绘制时可加大角度,但标注时要注明按测量实际值。

(7)标注车刀的几何角度时,必须要标注角度符号和数值,如 $K_\tau = 90°$。

(8)实训完毕,每组由组长组织擦拭、保养实训仪器并按规范摆放整齐实训器材后,做好实验台和实验室的卫生,经值日班干检查后方可离开。

五、实训报告

实训报告要求字迹清晰、填写工整,格式规范、内容完整。按实训实际操作的步骤记录实训过程,认真记录各项目测量数据,绘制各种车刀切削部分结构组成图,在图中标注实训测量结果。认真回答实训思考题。

六、实训思考题

1. 用车刀量角仪测量车刀角度时,测量片的三个平面分别相当于车刀标注角度坐标系中的哪个平面?

2. 如何判定刃倾角的正负? 当刀尖点为最低点时,刃倾角为正还是为负?

实训二　认识金属切削机床

一、实训目的

(1)了解金属切削机床的分类和型号编制方法。

(2)掌握常用机床的型号及其含义。

(3)掌握常用金属切削机床的切削运动。

二、实训准备

(1)实验类型:综合型。

(2)预习内容:

①金属切削加工的运动及其分类。

②金属切削机床的分类及其型号编制方法。

(3)实验所需的设备、材料、工具等:普通卧式车床、立式铣床、立式钻床、牛头刨床、摇臂钻床、外圆磨床、平面磨床、无心磨床。

三、实训设备使用注意事项

(1)听从教师指挥,严禁私自启动、操作机床。

(2)穿戴必须符合实训场地要求。

(3)严格遵守机床的安全操作规程。

四、实训简介、实训步骤与注意事项

1. 实训简介

本实训是利用现场的设备,学习金属切削机床的分类和型号编制方法,读懂现场设备的型号含义。认识各类金属切削机床的切削运动,正确辨认各类机床的主运动和进给运动。主要方法是以实物讲解,教室操作机床及演示。

2. 实训步骤

实训子项目 1　金属切削机床型号的编制方法

(1)金属切削机床的分类

机床主要是按加工性质和所使用的刀具进行分类,目前我国将机床分为 12 大类:车床、钻床、镗床、磨床、齿轮加工机床、螺纹加工机床、铣床、刨插床、拉床、特种加工机床、切断机床及其他机床。

(2)机床型号的编制方法

GB/T 15375—2008《金属切削机床 型号编制方法》如下:

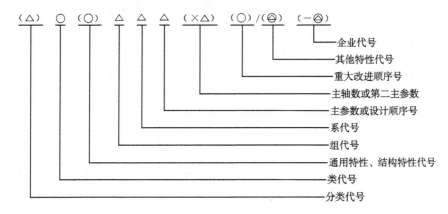

注:①有"( )"的代号或数字,当无内容时,则不表示,若有内容则不带括号。

②有"○"符号者,为大写的汉语拼音字母。

③有"△"符号者,为阿拉伯数字。

④有"◇"符号者,为大写的汉语拼音字母或阿拉伯数字或两者兼有之。

机床型号相关代号、参数见表 1-6-2～表 1-6-5。

表 1-6-2　机床的分类和代号

类别	车床	钻床	镗床	磨床			齿轮加工机床	螺纹加工机床	铣床	刨插床	拉床	锯床	特种机床	其他机床
代号	C	Z	T	M	2M	3M	Y	S	X	B	G	L	D	Q
读音	车	钻	镗	磨	二磨	三磨	牙	丝	铣	刨	割	拉	电	其

表 1-6-3　机床的通用特性代号

通用特性	高精度	精密	自动	半自动	数控	加工中心（自动换刀）	仿形	轻型	加重型	筒式或经济型	柔性加工单元	数显	高速
代号	G	M	Z	B	K	H	F	Q	C	J	R	X	S
读音	高	密	自	半	控	换	仿	轻	重	筒	柔	显	速

表 1-6-4　金属切削机床类、组划分

		0	1	2	3	4	5	6	7	8	9
车床 C		仪表车床	单轴自动车床	多轴自动、半自动车床	回轮、转塔车床	曲轴及凸轮车床	立式车床	落地及卧式车床	仿形及多刀车床	轮、轴、辊、锭及铲齿车床	其他车床
钻床 Z		—	坐标镗钻床	深孔钻床	摇臂钻床	台式钻床	立式钻床	卧式钻床	铣钻床	中心孔钻床	—
镗床 T		—	—	深孔镗床	—	坐标镗床	立式镗床	卧式铣镗床	精镗床	汽车拖拉机修理用镗床	—
磨床	M	仪表磨床	外圆磨床	内圆磨床	砂轮机	—	导轨磨床	刀具刃磨床	平面及端面磨床	曲轴、凸轮轴、花键轴及轧辊磨床	工具磨床
	2M	—	超精机	内、外圆研磨机	平面、球面珩磨机	抛光机	砂带抛光及磨削机床	刀具刃磨及研磨机床	可转位刀片磨削机床	研磨机	其他磨床
	3M	—	球轴承套圈沟磨床	滚子轴承套圈滚道磨床	轴承套圈超精机	滚子及钢球加工机床	叶片磨削机床	滚子超精及磨削机床	—	气门、活塞及活塞环磨削机床	汽车、拖拉机修磨机床
齿轮加工机床 Y		仪表齿轮加工机	—	锥齿轮加工机	滚齿机	剃齿及珩齿机	插齿机	花键轴铣床	齿轮磨齿机	其他齿轮加工机	齿轮倒角及检查机
螺纹加工机床 S		—	—	—	套丝机	攻丝机	—	螺纹铣床	螺纹磨床	螺纹车床	—
铣床 X		仪表铣床	悬臂及滑枕铣床	龙门铣床	平面铣床	仿形铣床	立式升降台铣床	卧式升降台铣床	床身式铣床	工具铣床	其他铣床
刨插床 B		—	悬臂刨床	龙门刨床	—	—	插床	牛头刨床	—	边缘及磨具刨床	其他刨床
拉床 L		—	—	侧拉床	卧式外拉床	连续拉床	立式内拉床	卧式内拉床	立式外拉床	键槽及螺纹拉床	其他拉床
特种加工机床 D		—	超声波加工机	电解磨床	电解加工机	—	—	电火花磨床	电火花加工机	—	—
锯床 G		—	—	砂轮片锯床	—	卧式带锯床	立式带锯床	圆锯床	弓锯床	镗锯床	—
其他机床 Q		其他仪表机床	管子加工机床	木螺钉加工机	—	刻线机	切断机	—	—	—	—

表 1-6-5　各类主要机床的主参数和折算系数

机床	主参数名称	折算系数
卧式车床	床身上最大回转直径	1/10
立式车床	最大车削直径	1/100
摇臂钻床	最大钻孔直径	1/1
卧式镗床	镗轴直径	1/10
坐标镗床	工作台面宽度	1/10
外圆磨床	最大磨削直径	1/10
内圆磨床	最大磨削孔径	1/10
矩台平面磨床	工作台面宽度	1/10
齿轮加工机床	最大工件直径	1/10
龙门铣床	工作台面宽度	1/100
升降台铣床	工作台面宽度	1/10
龙门刨床	最大刨削宽度	1/100
插床及牛头刨床	最大插削及刨削长度	1/10
拉床	额定拉力(t)	1/1

(3)记录本次实验所见的各类机床的型号,并解释其含义填入表 1-6-6。

表 1-6-6　机床的型号及运动形式

序号	设备名称	设备型号	型号含义
1			
2			
3			
4			
5			

实训子项目 2　认识各类金属切削机床的切削运动

(1)演示金属切削机床的加工运动。

①金属切削加工的基本条件:刀具与工件相互接触并相对运动。

②教师分别操作卧式车床、立式铣床、摇臂钻床,学生分组观看操作演示。

③组织学生讨论怎样区分机床的主运动、进给运动。

(2)讲解金属切削机床的加工运动。

①教师分别讲解外圆磨床、平面磨床、立式钻床、拉床、牛头刨床的切削运动。

②组织学生讨论怎样区分机床的主运动、进给运动。

(3)记录各类机床的切削运动,填入表 1-6-7。

表 1-6-7　机床的型号及运动形式

序号	设备名称	设备型号	主运动	进给运动
1				
2				

序号	设备名称	设备型号	主运动	进给运动
3				
4				
5				

3. 注意事项

(1)教室操作机床时,必须站在安全距离之外。

(2)观察机床时,切勿私自接通电源和启动设备。

(3)实训完毕,每组由组长组织清洁保养设备,清洁切屑和场地卫生,经检查后方可离开。

五、实训报告

实训报告要求字迹清晰、填写工整,格式规范、内容完整。按实训实际操作的步骤记录实训过程,认真记录各类设备的名称、型号及解释其含义,辨别各类设备的主运动和进给运动。认真回答实训思考题。

六、实训思考题

(1)实训中所介绍的设备中,哪种机床的主运动是直线运动,哪种机床的主运动是圆周运动?

(2)实训中所介绍的设备中,哪种机床的进给运动是直线运动,哪种机床的进给运动是圆周运动?

(3)实训中所介绍的设备中,哪种机床适合用于加工外圆表面?

实训三　车床、钻床的结构与加工分析

一、实训目的

(1)了解普通卧式车床、立式钻床、摇臂钻床的总体布局及主要技术性能。

(2)掌握普通卧式车床、立式钻床、摇臂钻床的加工特点和工艺范围。

二、实训准备

(1)实验类型:认知型。

(2)预习内容:

①普通卧式车床、立式钻床、摇臂钻床的总体布局。

②普通卧式车床、立式钻床、摇臂钻床的切削运动和加工特点。

③普通卧式车床、立式钻床、摇臂钻床的加工范围。

(3)实验所需的设备、材料、工具等:普通卧式车床、立式钻床、摇臂钻床及各种车刀(45°车刀、90°车刀、切断刀、螺纹刀等)、钻头(直柄、锥柄各一把,规格不限)。

三、实训设备使用注意事项

(1)注意车床、钻床的正确使用方法,避免发生安全事故。

(2)实训结束后对车床进行保养,并按规范将各类工具摆放整齐。

四、实训简介、实训步骤与注意事项

1. 实训简介

本实训是利用现场普通车床、立式钻床、摇臂钻床讲解机床的主要结构部件、主要技术性能,掌握机床的加工特点和加工范围。主要方法是以实物讲解,读机床铭牌和转速盘,观察机床演示及操作。

2. 实训步骤

实训子项目 1　卧式车床的结构与操作

(1)参看图 1-6-6,结合现场车床,写出各部件名称:

1. _____　　2. _____　　3. _____　　4. _____

5. _____　　6. _____　　7. _____　　8. _____

9. _____　　10. _____　　11. _____　　12. _____

13. _____　　14. _____

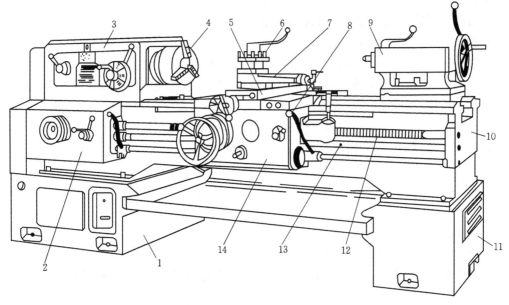

图 1-6-6　卧式车床外形图

车床主要部件包括:三箱、三杠、两座。三箱是指主轴箱、进给箱、溜板箱(另外还有挂轮箱),两杠是指光杠、丝杠,两座是指刀架、尾座。

①主轴箱:其功能是支撑主轴组件,并使主轴以所需的速度和方向旋转。

②进给箱:用以安装进给运动的变速机构。调整变速机构,可以改变进给量或进给螺纹

的导程,通过光杠或丝杠将运动传至刀架以进行切削。

③溜板箱:通过光杆或丝杆接受由进给箱传来的运动,并将运动传给刀架部件,实现纵、横向进给。

④丝杠与光杠:用以连接进给箱与溜板箱,并把进给箱的运动和动力传给溜板箱,使溜板箱获得纵向直线运动。丝杠是专门用来车削各种螺纹而设置的,在进行工件的其他表面车削时只用光杠,不用丝杠。

⑤刀架:由两层滑板(中、小滑板)、床鞍与刀架体共同组成。用于安装车刀并带动车刀作纵向、横向或斜向运动。床鞍实现纵向进给,中拖板实现横向进给。

⑥尾座:安装在床身导轨上,并沿此导轨纵向移动,以调整其工作位置。尾架主要用来安装后顶尖,以支撑较长工件,也可安装钻头、铰刀等进行孔加工。

⑦床身:用于支撑和连接车床的各个部件,并保证各部件在工作时有准确的相对位置。

(2)了解卧式车床的主要技术性能

①记录车床型号,查技术资料落实设备的主要技术参数。

举例:CA6140 车床主要技术参数。

床身上最大工件回转直径:　　　400 mm。

刀架上最大工件回转直径:　　　210 mm。

最大棒杆直径:　　　47 mm。

②看懂车床转速盘,记录机床的各级转速。

举例:CA6140 车床机床转速。

主轴转速范围:　　正转,10～1 400 r/min,24 级(记录各级转速的数值)。

　　　　　反转,4.5～1 600 r/min,12 级(查相关资料得各级转速的数值)。

进给量范围:　　纵向,0.028～6.33 mm/r,共 64 级。

　　　　　横向,0.014～3.16 mm/r,共 64 级。

螺纹加工范围:　　米制螺纹,$P=1～192$ mm,44 种。

　　　　　英制螺纹,$a=2～24$ 牙/in,20 种。

　　　　　模数制螺纹,$m=0.25～48$ 牙/in,39 种。

　　　　　径节制螺纹,$D_p=1～96$ 牙/in,37 种。

③其他。

主电动机功率及转速:7.5 kW,1 450 r/min。

车床外形尺寸(长×宽×高):对于最大工件长度 1 500 mm 的车床为 3 168 mm×1 000 mm×1 267 mm。

(3)机床操作及加工分析

①教师演示车床的切削运动

开启车床前,首先用手转动卡盘一周,检查卡盘、工件与车床有无碰撞,然后检查各手柄是否处于正确位置。(注意:操纵杆必须位于中间位置!)

a. 调整车床转速(500 r/m 以下),装夹工件。

b. 接通电源,将旋钮开关转到接通位置,按下启动按钮,电动机开始启动。将操纵杆向上提起,车床主轴正转。

　　c. 刀架分别沿横向、纵向走刀,加工工件的端面和外圆。

　　d. 将操纵杆扳到中间位置,车床主轴停止转动,按下停止按钮,使电动机停止转动。

　　在车削过程中,因主轴变速、测量、安装工件等需要主轴暂时停转的,应将操纵杆放在中间位置,不必关闭电机。如离开车床,则应按下停止按钮,使电动机停止转动。

　　②学生操作(严禁装夹工件加工)

　　a. 在车床主轴停止旋转的情况下,将操纵杆分别向上提起,向下压下,提回中间,体验车床主轴正转、反转、停止时操纵杆的位置。

　　b. 分别转动中手轮、大手轮使刀架分别沿横向、纵向走刀,正向、反向移动。

　　c. 接通电源,启动车床,调整机床转速(500 r/min 以下)。

　　d. 向上提起操纵杆,主轴正转。

　　e. 刀架分别沿横向、纵向走刀。注意刀具或刀架不要碰到卡盘。

　　f. 切换主轴转速,重新操作步骤 d,e。

实训子项目 2　立式钻床的结构与操作

　　(1)参看图 1-6-7,结合现场机床,写出各部件名称:

1.＿＿＿＿＿＿　　2.＿＿＿＿＿＿　　3.＿＿＿＿＿＿　　4.＿＿＿＿＿＿

5.＿＿＿＿＿＿　　6.＿＿＿＿＿＿　　7.＿＿＿＿＿＿　　8.＿＿＿＿＿＿

　　立式钻床主要部件包括:主轴变速箱、进给箱、主轴、工作台。

　　①主轴变速箱:其功能是使主轴以所需的速度和方向旋转。

　　②进给箱:用以改变进给量。

　　③主轴:用以装夹刀具。

　　④工作台:用以安装工件。

　　(2)了解立式钻床的主要技术性能。

　　①记录立式钻床型号,查技术资料落实设备的主要技术参数。

　　②记录主轴转速。

　　(3)机床加工分析。

　　①教师演示立式钻床的切削运动。

　　a. 移动工件,将刀具对准加工位置。

　　b. 接通电源,将旋钮开关转到接通位置,电动机开始启动,机床主轴正转。

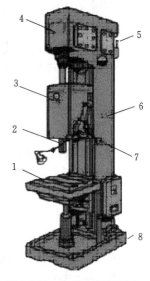

图 1-6-7　立式钻床外形图

　　c. 向下旋转进给手柄,加工工件。

　　d. 加工完成后,向上旋转进给手柄,抬起刀具脱离工件。

　　e. 变换加工位置,重新操作步骤 c,d。

实训子项目 3　摇臂钻床的结构与操作

　　(1)参看图 1-6-8,结合现场机床,写出各部件名称:

1.＿＿＿＿＿＿　　2.＿＿＿＿＿＿　　3.＿＿＿＿＿＿

4.＿＿＿＿＿＿　　5.＿＿＿＿＿＿　　6.＿＿＿＿＿＿

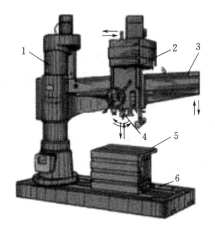

图 1-6-8　摇臂钻床外形图

摇臂钻床主要部件包括：主轴箱、主轴、工作台、立柱、摇臂、底座。

①立柱：用以安装摇臂，使摇臂在立柱上转动。

②主轴箱：主轴箱是一个复合部件，由主传动电动机、主轴和主轴传动机构、进给和变速机构、机床的操作机构等部分组成。主轴箱安装在摇臂的水平导轨上，可以通过手轮操作，使其在水平导轨上沿摇臂移动。

③摇臂：用以支撑主轴箱，使主轴箱在摇臂上移动。

④主轴：用以装夹刀具。

⑤工作台：用以安装工件。

⑥底座：用于固定立柱，安装工作台或工件。

（2）了解摇臂钻床的主要技术性能。

①记录摇臂钻床型号，查技术资料落实设备的主要技术参数（最大加工直径）。

（3）机床加工分析。

①教师演示车床的切削运动。

a. 转动摇臂，移动主轴，将刀具对准加工位置。

b. 接通电源，将旋钮开关转到接通位置，电动机开始启动，机床主轴正转。

c. 向下旋转进给手柄，加工工件。

d. 加工完成后，向上旋转进给手柄，抬起刀具脱离工件。

e. 变换加工位置，重新操作步骤 c、d。

3. 注意事项

（1）严禁多人同时操作或指挥他人操作机床。

（2）严格遵守机床的安全操作规程，听从教师指挥。

（3）钻孔时钻头应垂直于被钻平面，钻削进给不能用力过猛。

（4）工作过程中若发生工件和钻头同时转动时，不能用手抓持工件，应立即停车。

（5）工作时要注意钻头通过工件后是否会损伤工作台。

（6）实训完毕，每组由组长组织清洁保养设备，清洁切屑和场地卫生，经检查后方可离开。

五、实训报告

实训报告要求字迹清晰、填写工整,格式规范、内容完整。按实训实际操作的步骤记录实训过程,认真记录车床、钻床的型号及主要技术参数,记录设备的加工范围。认真回答实训思考题。

六、实训思考题

(1)大中小手轮转动时刀架分别沿哪个方向移动,各旋转一圈的移动量分别是多少 mm?

(2)普通卧式车床、钻床的加工范围有哪些?

(3)立式钻床和摇臂钻床主轴及其应用上有哪些区别?

(4)实训中你所用的车床型号是什么? 在该车床上车外圆,毛坯直径为 $\phi65$,需加工到 $\phi58$,查表得 $v_c=1.02\ \mathrm{m/s}$。计算加工时的车床转速,并根据车床的级速选择车床合理的转速。

实训四　铣床、磨床的结构与加工分析

一、实训目的

(1)了解普通立式铣床、外圆磨床、平面磨床、无心磨床的总体布局及主要技术性能。

(2)掌握普通立式铣床、外圆磨床、平面磨床、无心磨床的加工特点和工艺范围。

二、实训准备

(1)实验类型:综合型。

(2)预习内容:

①普通立式铣床、外圆磨床、平面磨床、无心磨床的总体布局。

②普通立式铣床、外圆磨床、平面磨床、无心磨床的切削运动和加工特点。

③普通立式铣床、外圆磨床、平面磨床、无心磨床的加工范围。

(3)实验所需的设备、材料、工具等:普通立式铣床、外圆磨床、平面磨床、无心磨床及铣刀(立铣头或立铣刀、端铣刀)。

三、实训设备使用注意事项

(1)启动、操作机床前必须确认机床的运动部位安装、夹持稳固,刀具处于空位,各自动开关处于关停状态,周围人员位于安全范围。

(2)严禁多人同时操作或指挥他人操作机床。

(3)严格遵守机床的安全操作规程,听从教师指挥。

四、实训简介、实训步骤与注意事项

1. 实训简介

本实训是利用现场普通立式铣床、外圆磨床、平面磨床、无心磨床讲解机床的主要结构部件、主要技术性能,掌握机床的加工特点和加工范围。主要方法是以实物讲解,看读机床铭牌和转速盘,观察机床演示及操作。

2. 实训步骤

实训子项目1 立式铣床的结构与操作

(1)参看图1-6-9,结合现场机床,写出各部件名称:

1. _____ 2. _____ 3. _____ 4. _____

5. _____ 6. _____ 7. _____ 8. _____

9. _____

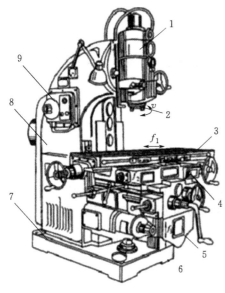

图1-6-9 普通立式升降台铣床外形

立式铣床的主要部件包括:床身、主轴变速机构、立铣头、主轴、工作台、床鞍、升降台、进给变速机构、底座。

①床身:用来安装和连接其他部件。内部装有主轴及其变速机构。

②主轴变速机构:调整铣床主轴的转速及转向控制。

③立铣头:安装主轴的部分。

④主轴:是一空心轴,前端有锥度为 7∶24 的锥孔。

⑤工作台:带动工件作纵向的进给运动。

⑥床鞍:带动工件作横向的进给运动。

⑦升降台:可沿床身垂直导轨上下移动,调整工作台的高低,内部装有进给用的电机和进给变速机构。

⑧进给变速机构:调整铣床进给速度。

⑨底座:床身的下方,是支撑铣床各部分的基础,升降丝杠的螺母座安装在底座,其内腔作切削液的油箱。

(2)了解立式铣床的主要技术性能。

①记录铣床型号,查技术资料落实设备的主要技术参数。

②看懂铣床转速盘,记录机床的各级转速。

③其他:主电动机功率及转速,进给调速盘的级速。

(3)机床操作及加工分析。

①普通立式升降台铣床的操作。

a. 主轴转速的调整:转动主轴变速手轮,可以得到各种不同的转速。

b. 进给量的调整:转动进给量调整手轮,可获得数码盘上标示的各挡进给量。

c. 手动手柄的使用:操作者面对铣床,顺时针摇动工作台左端纵向手动手轮,工作台向右移动;逆时针摇动,工作台向左移动。顺时针摇动横向手柄,工作台向前移动;逆时针摇动,工作台向后移动。顺时针摇动升降手柄,工作台上升;逆时针摇动,工作台下降。

d. 自动进给手柄的使用:在机床启动的状态下,配合使用纵向、横向、垂向自动进给选择手柄。纵向自动进给手柄向右扳动,工作台向右自动进给,向左扳动,则工作台向左自动进给;横向自动进给手柄向前扳动,床鞍向前自动进给,向后扳动,则床鞍向后自动进给;升降自动进给手柄向上扳动,升降台向上自动进给,向下扳动,则升降台向下自动进给。自动进给手柄的中间位置均为停止位置。

e. 快进按钮的使用:在机床启动和某一方向自动进给的状态下,按快进按钮,即可得到工作台该方向的快速移动。

f. 锁紧手柄的使用:锁紧工作台不可移动。

g. 操作机床:在停机和开机的两种状态下分别手动和自动操作铣床,掌握机床各个进给方向的操作。

②零件的铣削加工(教师演示)

a. 取两个长方形试件,分别测量试件的宽度并记录(测量点不少于三个)。

b. 把其中一个试件安装在平口钳上,试件底面与平口钳底面留间隙,调整试件加工面与工作台平行,夹紧试件。

c. 确认安全状态下启动机床,对刀,操作铣床切削试件 5 mm,退刀。

d. 停下机床,卸下试件,测量试件加工前宽度测量点的尺寸并记录。

e. 换另一个试件安装在平口钳上,试件工件底面与平口钳底面不留间隙(试件高度不够可垫垫块),调整试件上平面与工作台平行,夹紧试件。

f. 重复 c、d。

实训子项目 2　外圆磨床的结构

(1)参看图 1-6-10,结合现场机床,写出各部件名称:

1. _____ 2. _____ 3. _____ 4. _____
5. _____ 6. _____ 7. _____ 8. _____
9. _____

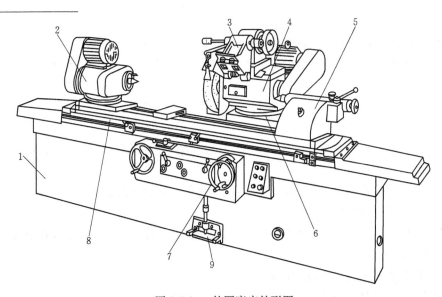

图 1-6-10　外圆磨床外形图

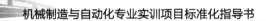

（2）了解外圆磨床的主要技术性能。

①记录外圆磨床型号，查技术资料落实设备的主要技术参数。

②记录主电机转速（或砂轮转速），头架的转速。

实训子项目3　平面磨床的结构

（1）参看图1-6-11，结合现场机床，写出各部件名称：

1. ＿＿＿＿＿＿　　2. ＿＿＿＿＿＿　　3. ＿＿＿＿＿＿　　4. ＿＿＿＿＿＿

5. ＿＿＿＿＿＿　　6. ＿＿＿＿＿＿　　7. ＿＿＿＿＿＿　　8. ＿＿＿＿＿＿

9. ＿＿＿＿＿＿　　10. ＿＿＿＿＿＿

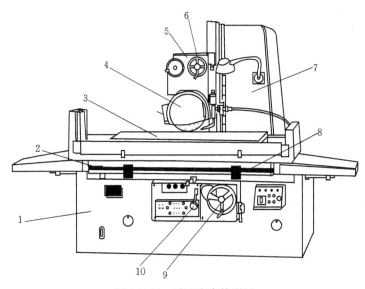

图1-6-11　平面磨床外形图

平面磨床由床身、工作台、电磁吸盘、砂轮箱、滑座、立柱等部分组成。

①床身：用来支撑工作台，安装其他结构部件，用以安装立柱、工作台、液压系统、电器元件和其他操作机构。

②工作台：用来安装电磁吸盘，并由液压系统带动电磁吸盘及工件纵向往复移动。

③电磁吸盘：用来吸住或夹持工件。

④砂轮架：安装砂轮并带动砂轮高速旋转，砂轮架沿着燕尾导轨作手动或液动的横向间隙进给运动。

⑤滑座：安装砂轮架并带动砂轮架沿立柱导轨作上下垂直运动。

⑥立柱：支撑滑座及砂轮架。

⑦限位挡块：左右各一块，用来改变工作台的运动方向，并可以通过调节安装位置来调节工作台的移动距离。

（2）了解平面磨床的主要技术性能

记录平面磨床型号，查技术资料落实设备的主要技术参数。

实训子项目 4　无心磨床的结构

(1)参看图 1-6-12,结合现场机床,写出各部件名称:

1.＿＿＿＿＿＿2.＿＿＿＿＿＿　　3.＿＿＿＿＿＿　　4.＿＿＿＿＿＿

5.＿＿＿＿＿＿6.＿＿＿＿＿＿　　7.＿＿＿＿＿＿　　8.＿＿＿＿＿＿

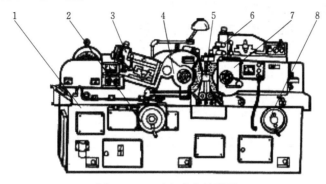

图 1-6-12　无心磨床外形图

(2)了解无心磨床的主要技术性能

记录无心磨床型号,查技术资料落实设备的主要技术参数。

3.注意事项

(1)组长要合理安排观察机床和操作普通立式铣床的时间和顺序。

(2)观察机床时,切勿私自接通电源和启动设备。

(3)机床变速时必须停车,且在主轴停止旋转之后进行;若变速手轮转不到位,可按一下主轴点动按钮。

(4)切削加工前,检查刀具与工件必须夹紧牢固好,保证牢固可靠。

(5)切削工件前必须先对刀,对刀时必须慢速进给,刀具接近工件时,需用手动进给,不准快速进给。正在进给时不可停机。

(6)切削加工中,只允许用毛刷或专用工具清除切屑,不准用手直接清除切屑,禁止用嘴吹。

(7)铣床快进按钮只能用于空程走刀或退刀,铣床快速进给或自动进给时,各手动手柄结合齿必须脱开,以防手柄旋转伤人。

(8)铣削工件安装时必须确保工件高出平口钳钳口平面的距离大于切削深度。安装工件时可对试件施加一个预夹力,用木头或塑料棒敲打试件来调整试件加工面与工作台平行度,调整好后再夹紧试件。

(9)实训完毕,每组由组长组织清洁保养设备,清洁切屑和场地卫生,经检查后方可离开。

五、实训报告

实训报告要求字迹清晰、填写工整,格式规范、内容完整。按实训实际操作的步骤记录实训过程,认真记录铣床、磨床的型号及主要技术参数,记录设备的加工范围。认真回答实训思考题。

六、实训思考题

(1)分别转动铣床正面由上往下的三个手轮(柄)时,工作台分别沿哪个方向移动,各旋转一圈时的移动量分别是多少 mm?

(2)立式铣床和平面磨床的加工范围有哪些?

(3)比较外圆磨床和无心磨床在应用上的区别。

课程七　机床电气控制与 PLC

实训一　低压电器的认识

一、实训目的

(1)认识低压断路器、接触器、继电器、熔断器、变压器等的铭牌标识。
(2)会测量和判断出其上的接线端子,深化对工作原理的掌握。

二、实训准备

(1)实训类型:认知型。
(2)预习内容:
①各低压电器的图形和文字符号以及工作原理。
②各低压电器型号的含义。
(3)实训前要思考的问题:如何用万用表来判断触点是常开还是常闭?
(4)实训所需的仪器、设备、元器件、工具等:交流接触器、继电器、低压断路器、按钮、熔断器、变压器、万用表、螺丝刀。

三、实训设备使用注意事项

(1)遵守实训室的规章制度,各元器件轻拿轻放,未经老师允许不乱拆、乱动各低压电器。
(2)各低压电器有机械寿命,若不是测量需要,不得反复不停地按压各元器件,测量完毕要归还原处。

四、实训简介、实训步骤与注意事项

1. 实训简介

本次实训主要是认识各常用低压电器的铭牌标识和各接线端子的定义,为以后学习电器控制线路的接线和工作原理分析打下坚实的基础。

2. 实训步骤

(1)认识接触器的型号并了解接线端子的定义。
①先画出接触器的图形和文字符号。
②观察铭牌标识,找出其名称和型号。
③观察接触器的接线端子,比较粗大的为主触头,比较细小的为辅助触头或线圈的接线端子。标注有"NC"的为辅助常闭触头,标有"NO"的为辅助常开触头,剩下的一对标有 A1、A2 的为线圈的接线端子。

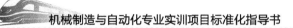
④上一步可以用万用表来测量,电阻为 0 的是常闭触头,电阻大于 0 但不为无穷大的为线圈,电阻为无穷大的为常开触头。

(2)认识中间继电器的型号并了解接线端子的定义。

①先画出中间继电器的图形和文字符号。

②观察铭牌标识,找出其名称和型号。

③观察中间继电器外壳上的接线图,指出接线端子的定义。

④结合万用表的测量进一步确认各接线端子的定义。

(3)认识低压断路器的型号并了解接线端子的定义。

①先画出低压断路器的图形和文字符号。

②观察铭牌标识,找出其名称和型号。

③结合铭牌标识上的信息,初步判断低压断路器上各接线端子的含义。

④结合万用表的测量进一步确认各接线端子的定义。

(4)认识按钮的型号并了解接线端子的定义。

①先画出按钮的图形和文字符号。

②观察铭牌标识,找出其名称和型号。

③通过按钮外壳上的接线图,指出接线端子的定义。

④观察法,直接用肉眼观察桥式触头的通断情况,以确定接线端子的定义。

⑤结合万用表的测量进一步确认各接线端子的定义。

(5)认识熔断器的型号并了解接线端子的定义。

①先画出熔断器的图形和文字符号。

②观察铭牌标识,找出其名称和型号。

③结合万用表的测量确定熔体是否需要更换。

(6)认识变压器的型号并了解接线端子的定义。

①先画出三相变压器和单相电压器的图形和文字符号。

②观察铭牌标识,分别找出其名称和型号。

③记录变压器输入侧和输出侧各变压方法的接线端子。

3. 注意事项

注意万用表的使用方法,在测量之前选择合适的挡位。

变压器和熔断器是在亚龙数控车实训台上安装的,在观察其型号之前要确保切断电源,注意用电安全,未经老师允许不能合闸。

五、实训报告

按照实训报告要求填写实训报告,详细记录各实训过程,认真完成实训小结和实训思考题。

六、实训思考题

(1)接触器和继电器上的触点什么时候才会动作? 是如何动作的?

（2）测电阻应该是带电还是在断电的情况下进行测量？如何通过万用表来判断接触器的线圈、常开和常闭触点？

实训二　三相异步电动机的自锁控制

一、实训目的

（1）了解交流接触器的结构、工作原理、型号规格、使用方法及其在控制线路中的作用。
（2）掌握三相异步电动机的自锁控制电路的工作原理及接线方法。
（3）熟悉该电路的故障分析及排除故障的方法。

二、实训准备

（1）实训类型：综合型。
（2）预习内容：
①接触器的工作原理、使用方法及其在控制线路中的作用。
②三相异步电动机的自锁控制电路的工作原理。
（3）实训前要思考的问题：
①KM辅助常开触点在控制线路中的作用是什么？
②什么是自锁？
（4）实训所需的仪器、设备、元器件、材料、工具等：三相异步电动机M、三相开启式负荷开关QS、按钮SB、熔断器FU、交流接触器KM、热继电器FR、电工工具及导线。

三、实训设备使用注意事项

（1）交流接触器KM主触点是用来控制主电路，辅助触点是用来控制控制电路的，注意其接线方法；KM辅助常开和辅助常闭触点不能接错。
（2）控制线路中的热继电器是接常闭触点（95和96），不能接在97和98上。

四、实训简介、实训步骤与注意事项

1. 实训简介

实训原理：该电路是接触器自锁的控制电路，其工作原理如下所示。

启动：按下SB2 ──→ KM线圈得电 ┬─→ KM主触点闭合 ──→ 电动机M运转
　　　　　　　　　　　　　　　　　└─→ KM辅助动合触点闭合，自锁

停止：按下SB1 ──→ KM线圈失电 ┬─→ KM主触点分断 ──→ 电动机M停转
　　　　　　　　　　　　　　　　　└─→ KM辅助动合触点分断，解锁

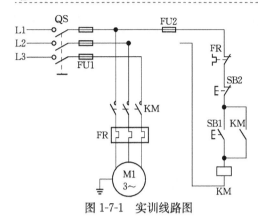

图 1-7-1　实训线路图

实训线路如图 1-7-1 所示：

实训内容：

(1)熟悉交流接触器的结构、工作原理及使用方法。

(2)连接自锁控制线路，并记录动作过程。

实训仪器的介绍：

热继电器 FR(JR0-20/3,2.4 A,1 只)起过载保护作用,接触器 KM(CJ10-20,380 V,2 只)起控制电动机的正常运行作用,熔断器 FU(RL1-15,5 A,2 只)起短路保护作用。

2. 实训步骤

(1)检查各电器元件质量情况,了解其使用方法。

(2)按图 1-7-1 所示正确连接线路,接主电路时先接空气断路器 QS 再接熔断器 FU1,检查熔断器是否熔断,如果熔断器不能用,申请更换新的元件。然后将电线连接到接触器 KM 的常开触点,连接的时候注意区分常开触点与常闭触点,不要连接错误。线路从接触器 KM 的常开触点出来以后连接到热继电器 FR,FR 起到热保护的作用,防止短路烧坏电动机。最后连接到电动机 M1 上,注意电动机要有一根线接地。

(3)接控制电路。控制电路只需要 L1 和 N 两条线,先经过熔断器 FU2,同时也要检查一下熔断器是否可用。连接完熔断器 FU2 以后将线接到热继电器 FR 上,此 FR 是用来保护控制电路的。电线从 FR 出来后再连接到按钮 SB2 上的常闭触点,按钮 SB2 作为停止按钮使用。线路从停止按钮 SB2 出来以后一路接到按钮 SB1,一路接到接触器 KM 的常开触点上。这两路电线最终汇总连接到接触器 KM 的线圈上,从接触器 KM 线圈的另一端出来最后连到 N 线上,控制电路连接完毕。

(4)自己检查接线无误,并经指导老师检查认可后合闸通电试训。

(5)操作启动和停止按钮,观察电动机的启停情况。

(6)实训中出现不正常现象时,应断开电源,分析故障。如果一切正常,可请指导老师人为地制造故障,由学生分析排除。

3. 注意事项

(1)检查各电器元件质量情况,如发现问题,应及时更换实训器材。

(2)按图 1-7-1 所示正确连接主电路和控制电路线路,接线完后,应认真检查接线是否正确,并经指导老师检查后才能合闸通电试训。

(3)若出现故障必须断电检修,再检查,再通电,直到试车成功。

(4)注意电器设备的使用安全,避免发生安全事故。

五、实训报告

按实训报告要求填写实训报告。认真完成实训小结和实训思考题。

六、实训思考题

(1)在实训中,如出现按下启动按钮,电动机旋转了一下就停下来的状况,请分析故障原因。

(2)接触器线圈的电压是多少?

实训三　西门子 S7-200 系列 PLC 的系统结构认知

一、实训目的

(1)掌握西门子 S7-200 系列 PLC 的主机面板布置方式。

(2)了解编程软件的安装方法。

(3)掌握实训箱上所包含的模块。

(4)了解输入与输出接口的使用方法。

二、实训准备

(1)实训类型:认知型

(2)预习内容:PLC 的硬件构成及工作原理。

(3)实训前要思考的问题:

①PLC 的结构和工作原理?

②S7-200 系列 PLC 的输入输出怎样接线?

(4)实训所需的仪器、设备、元器件、材料、工具等:PC 机一台、PLC 实训箱一台、编程电缆一根、导线若干。

三、实训设备使用注意事项

爱护实训器材,不得随意操作,要在指导老师讲解后按要求操作,保持实训室卫生。

四、实训简介、实训步骤与注意事项

1. 实训简介

认识西门子 S7-200 系列 PLC 的系统结构

2. 实训步骤

(1)认识可编程序控制器(PC)主机

PC 主机是 SIMATIC S7-200 CPU226,有 24 个输入点,16 个输出点,可采用助记符和梯形图两种编程方式。PLC 主机面板图如图 1-7-2 所示。

图 1-7-2 中,①为输出接线端;②为输出端口状态指示;③为输入接线端;④为输入端口状态指示;⑤为主机状态指示及可选卡插槽;有三个指示灯,SF/DIAG:系统错误,当出现错误时点亮(红色);RUN:运行,绿色,连续点亮;STOP:停止,橙色,连续点亮;可选卡插槽有:EEPROM 卡,时钟卡,电池卡;⑥为模式选择开关(运行、停止)、模拟电位器、I/O 扩展端口;⑦为通信口 1;⑧为通信口 0;

（2）简单认识编程装置

通常采用计算机作为编程装置。安装西门子公司的 PLC 编译调试软件 STEP 7 Mi-croWIN V4.0,用专用的编程电缆将计算机的 RS232 串口和 PLC 主机的编程接口 PORT1 连接起来,运行 MicroWIN V4.0,即可将 PLC 程序的编码表下载至 PLC 的存储器中,运行程序,即可进行各种控制实训。

（3）认识实训箱结构构成

实训箱由上盖和下板两部分组成,所有实训模块均分布在两块 PCB 板上,下面将分别进行介绍。下板示意图如图 1-7-3 所示。

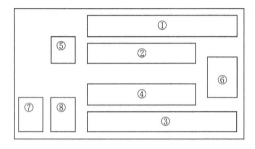

图 1-7-2　PLC 主机面板

图 1-7-3　实训箱下板

如图 1-7-3 所示,实训箱下板包含:

①电源接口,为设备提供 24 V/2 A 的直流电源,带输出指示灯,电源开关。

②PLC 主机模块,可根据教学要求更换不同型号的主机。默认配置为 S7-200 CPU226。

a. PLC 输出接口部分:共 16 点,分为三组。表 1-7-1 所示为输出控制端 1L、2L、3L 与输出端的对应关系。

表 1-7-1　输出控制端与输出端的对应关系

组别	输出端	输出控制端
一组	Q0.0、Q0.1、Q0.2、Q0.3	1L
二组	Q0.4、Q0.5、Q0.6、Q0.7、Q1.0	2L
三组	Q1.1、Q1.2、Q1.3、Q1.4、Q1.5、Q1.6、Q1.7	3L

其中 1L、2L、3L 分别为各组的公共端。用于控制输出电平的有效电平,当 L 端接高电平,且输出端有效时,输出端为高电平。当 L 端接低电平,且输出端有效时,输出端为低电平。输出方式为继电器触点输出。

b. PLC 输入接口部分,共 24 个点,分二组。表 1-7-2 所示为输入控制端 1M、2M 与输入端的对应关系。

表 1-7-2　输入控制端与输入端的对应关系

组别	输入端	输入控制端
一组	I0.0 ～ I0.7	1M
	I1.0 ～ I1.4	
二组	I1.5 ～ I1.7	2M
	I2.0 ～ I2.7	

其中 1M、2M 分别为各组的公共端。用于控制输入电平的有效电平,当 M 端接高电平,则输入端有效电平为高电平。当 M 端接低电平,则输入端有效电平为低电平。

③基本指令模块,各电路如图 1-7-4 所示。

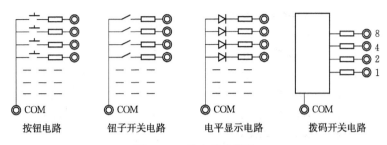

按钮电路　　　　钮子开关电路　　　　电平显示电路　　　　拨码开关电路

图 1-7-4　基本指令模块

a. 含有 8 个发光二极管,L1~L8,24 V 为公共端。发光二极管为共阳接法。

b. 8 个模拟输入开关。K1 ~ K8,KCOM 为公共端。钮子开关属长动型开关。

(4)电梯实训模块,采用了一个减速司服直流电动机,两个继电器,4 个传感器。可生动地完成 4 层电梯模拟实训。

(5)刀库实训模块,采用了一个调速步进电动机,8 个传感器,一个 8421 拨码开关,可完成刀库捷径方向选择实训。拨码开关电路如图 1-7-5 所示。

(6)步进电机模块。

(7)数码管模块。

上盖示意图如图 1-7-6 所示。

其中 12 为 11、13、15、16 四个模块的公用输入接口。包括 6 个按钮和 6 个钮子开关,但按钮和开关不能同时使用,某一时刻只能用其一。

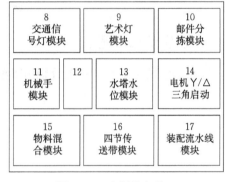

8 交通信号灯模块	9 艺术灯模块	10 邮件分拣模块
11 机械手模块	12	13 水塔水位模块	14 电机 Y/△三角启动
15 物料混合模块	16 四节传送带模块	17 装配流水线模块

图 1-7-5　实训箱上盖

(4)认识输入/输出接口的使用方法。

①输入接口:将输入接口的相应端口,根据需要与钮子开关或按钮用双头线相连。输入接口的控制端 1M 或 2M 接 24 V,钮子开关或按钮的公共端接 GND。这样,当开关闭合或按下按钮时,相应端口的输入指示灯就会点亮,表示有信号输入到 PLC。

②输出接口:将输出接口的相应端口,根据需要接发光二极管,输出接口的控制端 1L、2L 或 3L 接 GND,发光二极管的公共端接 24 V。这样当 PLC 的相应的输出端口有输出时,所接的发光二极管点亮。

3. 注意事项

①听从指导老师指挥,注意安全。

②注意认真听老师介绍西门子 S7-200 型 PLC 的几大结构构成。

五、实训报告

按实训报告要求填写实训报告,认真完成实训小结和实训思考题。

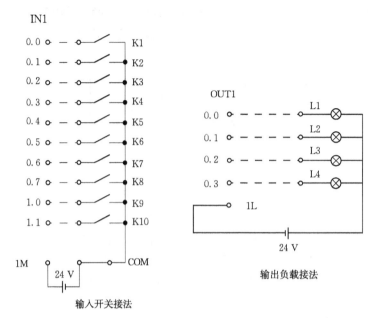

图 1-7-6 输入/输出接口

六、实训思考题

实训箱的上盖和下板上分别由哪些实训模块构成？

课程八　数控加工编程与操作

实训一　认识数控车床及其坐标系

一、实训目的

(1)初步认识数控车床结构特点及操作面板。

(2)了解数控车床基本操作及其坐标系。

二、实训准备

(1)实训类型:综合型。

(2)预习内容:

①数控车床的结构、操作面板的基本构成(系统面板及机床操作面板)。

②对刀在数控加工中的意义;对刀、对刀点的概念。

③机床坐标系、工件坐标系的概念和相互关系。

(3)实训所需的设备、材料、工具等:数控车床、圆钢棒料毛坯、外圆车刀等。

三、实训设备使用注意事项

(1)遵守数控车间安全操作规程及着装要求。

(2)数控车床演示时只能一人操纵控制面板,其他人不得随意按控制面板的按钮,不得伸手触摸工件或刀具。

(3)服从老师安排,有秩序地进行实训。

四、实训简介、实训步骤与注意事项

1. 实训简介

通过现场教学简要介绍数控车床结构组成,操作面板构成及其主要功能按钮并介绍机床基本操作方法,演示对刀操作基本步骤,使学生初步了解数控车床对刀操作及工件坐标系的意义。

2. 实训步骤

(1)介绍数控车床基本结构。

数控车床由机床本体、数控系统、伺服驱动系统、控制介质组成,其中具体包括床身、主轴箱、刀架进给系统、尾座、液压系统、冷却系统、润滑系统、排屑器等部分。

(2)介绍数控车床控制面板,演示数控车床基本操作(在无机床设备条件下,采用仿真软件演示操作)。

基本操作步骤如下:

选择适当的棒料毛坯装入三爪自定心卡盘,选择外圆车刀装入转塔刀架1号刀位,直接进入步骤⑤。

若采用仿真软件操作,则执行以下步骤①至④。

①双击仿真软件图标🥏,启动程序,进入数控加工仿真系统。

②在数控系统对话框中选择系统类型"FANUC 0i T",单击【运行】按钮,进入 FANUC 0i T 系统数控车操作界面。

③根据加工条件设定毛坯类型、尺寸,如棒料 $\phi 45 \times 100$,毛坯材料选择中碳钢,如35 钢。

④单击机床操作面板上红色【急停】按钮,在"机床操作"菜单中单击"刀具管理"选项,选择数控加工用刀具,用外圆车刀对刀。

⑤介绍数控车加工控制面板。

数控车床加工控制面板由数控系统操作面板和数控车机床操作面板两部分构成。

a. 介绍数控车床系统操作面板

图 1-8-1 所示为仿真软件 FANUC 0i mate T 工作界面、图 1-8-2 所示为系统操作面板,结合系统操作面板介绍主要功能键。

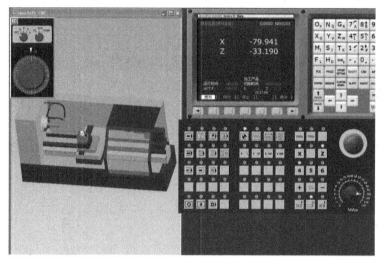

图 1-8-1　仿真软件 FANUC 0i mate T 工作界面

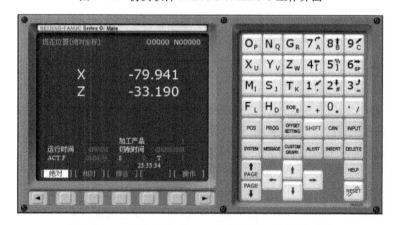

图 1-8-2　　FANUC 0i mate T 数控车系统操作面板

b. 介绍数控车床机床操作面板。

如图 1-8-3 所示为数控车床机床操作面板(不同的系统和不同的机床厂的机床面板略有区别,但其中内容基本相同)。结合机床操作面板介绍主要功能键。

图 1-8-3　数控车床机床操作面板

⑥演示数控车床基本操作。

介绍数控车床系统控制面板的组成及主要功能按钮,并进行以下基本操作演示:

a. 演示手动方式下 X、Z 轴正负方向移动。

b. 演示 MDI 方式下输入"M03S800;",循环启动,主轴以 800 r/min 速度正转。

c. 演示 MDI 方式下"T0303",循环启动,选择 3 号刀到当前工作位置。

(3)认识数控车床坐标系,演示数控车床试切对刀操作。

①通过讨论明确数控车床机床坐标系及工件坐标系的概念及位置。

②演示数控车床对刀操作:

a. 激活车床(打开车床侧总开关),打开急停按钮◙。

b. 车床回参考点。单击按钮▦回到参考点后,回原点指示灯变亮,刀架沿 X 轴、Z 轴运动至两轴最大行程处。

c. 装夹毛坯和刀具。

d. 手动对刀测量,输入测量值。

e. 对刀完成。

3. 注意事项

(1)听从指导老师指挥,注意安全。

(2)无论是哪种对刀方式,对好刀之后,要进行验证。

(3)对刀时注意逐渐缩小微量移动挡位,最终确定在最小挡(×1)。

(4)仿真软件的操作在细节上与实际机床仍存在一定的差距,完全按照实际机床的操作有时可能无法执行。

五、实训报告

按实训报告要求填写实训报告。

六、实训思考题

(1)说明数控车床控制面板的基本组成,并写出三种以上较为常见的数控系统。

（2）简述数控车床试切对刀基本步骤。

实训二　认识数控铣床及其坐标系

一、实训目的

（1）认识数控铣床及其操作面板。

（2）了解数控铣床结构原理,了解数控铣床基本操作及其坐标系。

二、实训准备

（1）实训类型:综合型。

（2）预习内容：

①对刀、对刀点、换刀点的概念。

②对刀的意义。

③机床坐标系、工件坐标系的概念和相互关系。

④数控铣机床坐标系的建立。

（3）实训所需的设备、材料、工具等:数控铣床、板料毛坯、立铣刀。

三、实训设备使用注意事项

（1）遵守数控车间安全操作规程。

（2）数控铣床演示时只能一人操纵控制面板,其他人不得随意按控制面板的按钮,不得伸手触摸工件或刀具。

（3）服从老师安排,有秩序地进行实训。

四、实训简介、实训步骤与注意事项

1. 实训简介

通过现场教学介绍数控铣床结构特点,介绍操作面板各功能按钮的功能及数控铣坐标系,使学生初步认识数控铣床操作面板及数控铣床坐标系。

2. 实训步骤

（1）介绍数控铣床的结构特点、工作方式和功能以及应用场合。

（2）介绍数控铣床控制面板的基本构成及主要功能按钮,演示数控铣床基本操作。

数控铣床加工控制面板由数控系统操作面板和机床操作面板两部分构成。

①介绍数控铣床系统操作面板。

图 1-8-4 所示为数控铣床机床控制面板(广州数控系统),数控铣床机床控制面板的上半部分为 GSK 980 数控铣床系统操作面板及显示器;下半部分为数控铣床机床控制面板。

图 1-8-5 为数控铣床系统操作面板,结合系统操作面板介绍主要功能键。

图 1-8-6 所示为数控铣床机床操作面板(FANUC 0i 系统),结合数控铣床操作面板简要介绍主要功能键。

图 1-8-4　数控铣床机床控制面板（广州数控系统）

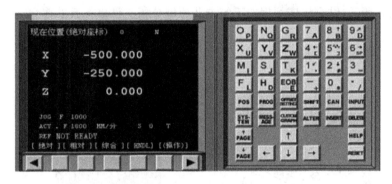

图 1-8-5　数控铣床系统操作面板（FANUC 0i 系统）

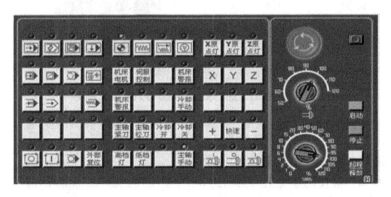

图 1-8-6　数控铣床机床操作面板（FANUC 0i 系统）

②演示机械回零。

按下机械回零按钮（回参考点），将【Z】按钮按下，实现 Z 轴回零；将【X】按钮按下，实现 X 轴回零；将【Y】按钮按下，实现 Y 轴回零.

③演示手动方式下 X、Y、Z 轴正、负方向移动。

按下【手动】或【手轮】方式按钮，分别操作演示各轴的正负向移动。

④演示 MDI 方式下输入"M03S800;",循环启动,主轴以 800 r/min 的速度正转。

⑤演示程序的编辑输入。

(3)认识数控铣床坐标系。

①结合数控铣床分析机床坐标系。

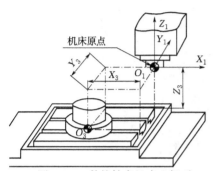

图 1-8-7 数控铣床机床坐标系

数控铣床机床坐标系由机床生产厂确定,通常不允许用户改变,其坐标系原点称为机床原点,又称机械原点,为机床上的一个固定的点。机床原点是工件坐标系、机床参考的基准点,是一个定义点。

机床参考点是采用增量式测量的数控机床所特有的,机床原点由机床参考点体现出来,机床参考点是一个硬件点。

根据图 1-8-7,结合数控铣床分析机床坐标系。

②结合工件分析工件坐标系构建的常见方法。

如图 1-8-8 所示,结合机床根据右手笛卡儿原则分析工件坐标系的建立。

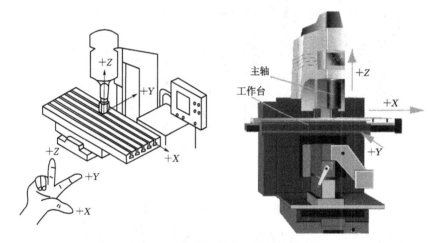

图 1-8-8 数控铣床工件坐标系

(4)根据数控铣实训室的机床及配置的数控系统,讨论常见数控铣床常用系统。

3. 注意事项

(1)对刀后在 G54 的设定中数值均为负。

(2)注意安全移动机床主轴,避免危险动作。

(3)Z 轴对刀时,应使用加工的刀具对刀,不可使用找正器(或标准棒)对刀。

(4)仿真软件的操作在细节上与实际机床仍存在一定的差距,完全按照实际机床的操作有时可能执行不了。

(5)固定循环指令可能无法模拟运行。

五、实训报告

按实训报告要求填写实训报告。

六、实训思考题

(1)数控铣床操作控制面板由哪几部分组成？包含哪些主要功能键？

(2)记录你所看到的数控铣床和加工中心的数控系统名称及机床型号。

(3)分析数控铣床机床坐标系的建立及工件坐标系建立的特点。

课程九　工装夹具设计基础

实训一　常见机床夹具结构分析

一、实训目的

(1)掌握六点定位原理在实际夹具设计中的具体应用。

(2)掌握夹具的组成、结构及各部分的作用。

(3)掌握夹具与机床连接、定位方法。

(4)掌握机床夹具的常见设计结构。

二、实训准备

(1)实训类型:验证型。

(2)预习内容:

①根据工件的加工要求判断需要限制几个自由度。

②选择适当的定位元件限制自由度。

③选择适当的夹紧方法。

(3)实训前要思考的问题:

①六点定位原理的具体应用。

②常见定位元件的特点。

③基本夹紧机构的特点。

(4)实训所需的仪器、设备、元器件、材料、工具等:各类常见机床夹具模型(角铁式车夹具、回转式钻夹具、翻转式钻夹具、铣夹具等)、加工工件模型、游标卡尺、内六角扳手、一字起、十字起、活动扳手等工具若干。

三、实训设备使用注意事项

(1)注意遵守实训室规章制度。

(2)未经许可不能擅自拆改仪器设备。

(3)量具轻拿轻放,用毕擦拭油污妥善放置。

四、实训简介、实训步骤与注意事项

1. 实训简介

本实训是利用机械原理实训室的一系列机床夹具模型,拆装夹具,了解夹具基本组成结构,分析夹具的定位方案和夹紧方案,掌握六点定位原理在实际设计中的应用。

2. 实训步骤

全班分成七组(5~6人一组),每组一套夹具,2~3把游标卡尺。

(1)分析夹具的类型。

熟悉被拆装夹具的功能,总体结构特点以及各部件间的关系,找出夹具中的定位元件、夹紧元件、对刀元件、夹具体及导向元件,熟悉各元件之间的连接及定位关系,并分析问题:

①按夹具的应用范围,本夹具属于哪类夹具? 特点是什么?

②按使用机床分类,本夹具属于哪类夹具?

③文字描述工件在本道工序的加工部位和加工要求;绘制加工工序图;分析根据加工要求需要限制哪些自由度?

(2)拆卸夹具,给各专用零件命名,并完成表 1-9-1。填表时可参考图 1-9-1。

使用工具,按顺序把夹具各连接元件拆开,注意各元件之间的连接状况,并把拆掉的各元件摆放整齐。

表 1-9-1　夹具零件基本组成表

基本组成部分	零件名称	作用
定位装置		
夹紧装置		
夹具体		
其他装置		

举例:

定位元件:定位轴、分度盘、定位销。

作用:用于确定工件在夹具中的位置。

夹紧装置:螺母、垫圈、螺杆。

作用:将工件压紧夹牢,并保证工件在加工过程中位置不变。

对刀或导向元件:分度销、定向键。

作用:用于保证工件加工表面与刀具之间的位置。

夹具体:支座。

作用:是夹具的基座和骨架,用来配置、安装各夹具元件及装置。

①定位元件如何限制所需限制的自由度?

②夹紧机构是何种机构? 如何夹紧?

(3)装配夹具

利用工具,按正确的顺序把各元件装配好,了解装配方法,并调整好各工作表面之间的位置。将工件安装到夹具中,注意工件在夹具中的定位、夹紧。

(4)把夹具装到机床的工作台上

注意夹具在机床上的定位,调整好夹具相对机床的位置,然后将夹具夹紧。

分析问题:夹具如何与机床连接?

3. 注意事项

(1)拿到夹具,先分析夹具加工工件的部位和要求。

(2)分析夹具如何限制工件的自由度。

(3)拆卸下来的夹具零件,注意归纳到专用零件盘内,以免丢失。

五、实训报告

按实训报告要求填写实训报告。

实训二　简单机床夹具测绘

一、实训目的

(1)了解机床夹具设计的基本方法。

(2)掌握简单定位误差的分析计算方法。

二、实训准备

(1)实训类型:验证型。

(2)预习内容:

①专用夹具的设计方法。

②定位误差产生原因及分析计算。

(3)实训前要思考的问题:

①零件表达视图的适当选择。

②公差配合的适当选定。

③定位误差的计算方法。

(4)实训所需的仪器、设备、元器件、材料、工具等:各类常见机床夹具模型(角铁式车夹具、回转式钻夹具、翻转式钻夹具、铣夹具等)、加工工件模型、游标卡尺、内六角扳手、一字起、十字起、活动扳手等工具若干、绘图仪器。

三、实训设备使用注意事项

(1)注意遵守实训室规章制度。

(2)未经许可不能擅自拆改仪器设备。

(3)量具轻拿轻放,用毕擦拭油污妥善放置。

四、实训简介、实训步骤与注意事项

1. 实训简介

本实训是利用机械原理实训室的一系列机床夹具模型,拆装夹具,了解夹具基本组成结构,分析夹具的定位方案和夹紧方案,绘制夹具零件图(或部分零件图),分析定位误差的产生原因,并计算定位误差,判断零件设计的合理性。

2. 实训步骤

全班分成七组(5~6人一组),每组一套夹具,游标卡尺2~3把,自带绘图仪器。

(1)拆卸夹具,罗列夹具的所有组成零件(包括标准件)填入表1-9-2中。

表1-9-2　零件表

基本组成部分	零件名称
定位装置	
夹紧装置	

基本组成部分	零件名称
夹具体	
其他装置	

(2)测绘(设计)专用零件的零件图(包括绘制图形,标注尺寸,标注表面粗糙度及其他技术要求),零件数目较多者,可选画,但夹具体、定位元件、导向元件必须画出。绘图时请选择适当的比例,如图 1-9-1 所示。

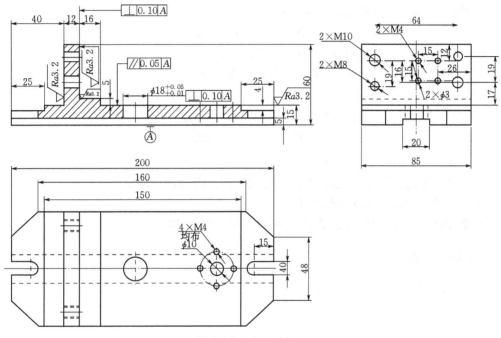

图 1-9-1　专用零件图

(3)根据设计的零件设计,分析定位误差产生的原因,并计算定位误差,判断设计的合理性。

①定位误差的来源

a. 由于工件的工序基准与定位基准不重合而引起的定位误差,称为基准不重合误差。以 ΔB 来表示 。

b. 由于工件定位表面或夹具定位元件制作不准确引起的定位误差,称为基准位移误差。以 ΔY 来表示。(根本原因是定位副制造误差)

c. 总的定位误差是基准位移误差加上基准不重合误差。

$$\Delta D = \Delta B + \Delta Y(矢量和)$$

②基准不重合误差 ΔB 的计算

a. 如果工序基准与定位基准重合

$$\Delta B = 0$$

b. 如果工序基准与定位基准不重合,ΔB 则等于两个基准之间的距离尺寸 S 的公差 δ_S。

即 $$\Delta B = \delta_S$$

③基准位移误差 ΔY 的计算

a. 如果是平面定位

$$\Delta Y = 0$$

b. 如果是内孔定位,则有两种情况:

孔轴过盈配合

$$\Delta Y = 0$$

孔轴间隙配合,又分两种情况:

一种情况为定位基准在任意方向偏移时:

$$\Delta Y = \delta D + \delta d + X_{\min}$$

另一种情况为定位基准在单一方向偏移时:

$$\Delta Y = \tfrac{1}{2}(\delta D + \delta d + X_{\min})$$

④判断定位准确性的标准

一般限定定位误差不超过工件加工误差的 $1/5 \sim 1/3$。

即 $$\Delta D \leqslant (1/5 \sim 1/3)\delta K$$

3. 注意事项

(1)拆卸下来的夹具零件,注意归纳到专用零件盘内,以免丢失。

(2)配合零件的配合尺寸准确测量。

(3)测绘即时手绘零件草图,课后整理,计算机绘制标准零件图。

五、实训报告

按实训报告要求填写实训报告。

课程十　数控设备安装连接与调试

实训一　数控系统的伺服连接

一、实训目的

(1)掌握数控系统伺服控制电路连接原理。

(2)掌握伺服控制各连接的关系。

二、实训准备

(1)实训类型:综合型(2学时)。

(2)实训所需的仪器、设备、元器件、材料、工具等:亚龙数控车床实训设备、YL-558数控车实训设备电气原理图。

三、实训设备使用注意事项

(1)严格遵守实训仪器仪表的使用操作规程,严禁违规操作。

(2)实训台运行过程中每次仅限一人操作,不允许同时多人操作。

(3)自觉遵守实训室管理基本规则,严禁擅自操作实训设备,擅自启停电源开关。

四、实训简介、实训步骤与注意事项

1.实训简介

FANUC数控系统的FSSB总线采用光缆通信,在硬件连接方面,遵循从A到B的规律,即COP10A为总线输出,COP10B为总线输入。需要注意的是光缆在任何情况下不能硬折,以免损坏。

控制电源采用DC 24 V电源,主要用于伺服控制电路的电源供电。在上电顺序中,推荐优先给伺服放大器供电。

主电源用于伺服电动机动力电源的变换。

急停与MCC连接该部分主要用于对伺服主电源的控制与伺服放大器的保护,如发生报警、急停等情况下能够切断伺服放大器主电源。

2.实训步骤

(1)根据图1-10-1认识伺服放大器各接口。

(2)伺服放大器各接口电路连接如图1-10-2所示。

结合电气原理图和接线图,弄清X与Z轴伺服放大器与各外围电路的连接关系:

220 V动力电源的输入电路,L1/L2/L3;

220 V动力电源的输出电路,U/V/W;电动机的反馈电路;

No.	Name	Remarks	
1		DC link charge LED	(1)
2	CZ7−1 CZ7−2	Main power input connector	
3	CZ7−3	Discharge register connector	
4	CZ7−4 CZ7−5 CZ7−8	Motor power connector	
5	CX29	Connector for main power MCC control signal	
6	CX30	ESP signal connection connector	
7	CXA20	Regenerative resistor connector(for alarms)	(2)
8	CXA19B	24 VDC power input	(3)
9	CXA19A	24 VDC power input	(4)
10	COP10B	Servo FSSB I/F	
11	COP10A	Servo FSSB I/F	
12	ALM	Servo alarm status display LED	(5)
13	JX5	Connector for testing（'1)	(6)
14	LINK	FSSB communication status display LED	(7)
15	JF1	Pulseooder	
16	POWER	Control power status display LED	
17	CX5X	Absolute Pulseooder battery	
18	⏚	Tapped hole for grounding the flange	

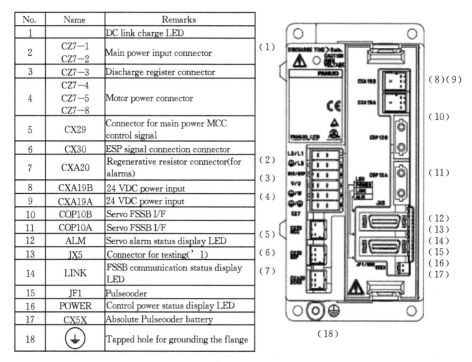

图 1-10-1 伺服放大器接口

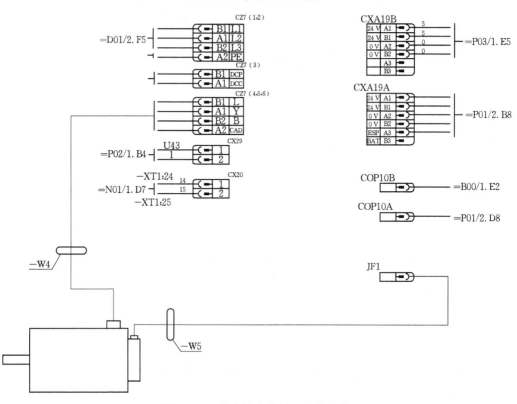

图 1-10-2 伺服放大器接口电路连接

24 V工作电源的输入电路,CXA19A;

FSSB总线的连接,COP10B;

MCC线圈的连接,CX29;

ESP急停电路的连接,CX30;

制动电阻的连接,DCC/DCP,CXA20。

弄清X与Z轴电路图,必要时借助万用表测通断。尤其要搞清CNC、X轴伺服放大器、Z轴伺服放大器、伺服电动机、编码器等之间的连接关系。

3. 注意事项

(1)注意安全,未经老师允许不能擅自启动设备或拆卸任何设备相关零部件,不可带电测电阻。

(2)实训完成后,组长负责清点工具并摆放整齐,各组轮流搞卫生。

五、实训报告

按教师提供的实训表格要求认真填写实训报告,完成实训思考题。

六、实训思考题

(1)写出YL-558FANUC 0i Mate TD数控车实训设备的X轴伺服放大器各接口的名称。

(2)画出伺服控制的连接框图。

实训二 数控系统的模拟主轴驱动与连接

一、实训目的

(1)掌握FANUC 0i Mate TD模拟主轴变频器的接口。

(2)掌握模拟主轴的控制电路连接及反馈。

(3)掌握欧姆龙变频器的常用参数设置方法。

二、实训准备

(1)实训类型:综合型(2学时)。

(2)实训所需的仪器、设备、元器件、材料、工具等:亚龙数控车床实训设备、YL-558数控车实训设备电气原理图。

三、实训设备使用注意事项

(1)严格遵守实训仪器仪表的使用操作规程,严禁违规操作。

(2)实训台运行过程中每次仅限一人操作,不允许同时多人操作。

(3)自觉遵守实训室管理基本规则,严禁擅自操作实训设备,擅自启停电源开关。

四、实训简介、实训步骤与注意事项

1. 实训简介

亚龙 YL-558 型数控车实训设备采用模拟主轴控制,欧姆龙 3G3JZ 变频器和普通的三相异步电动机驱动主轴运转。

通过 CNC 的 JA40 接口给变频器发送信号,编码器的反馈信号直接通过 JA41 接口反馈给 CNC,并传递电动机运转需要的 380 V 的动力电,电动机的正反转是通过继电器 KA5、KA6 控制的。

主轴电动机的运转还可通过变频器的参数来控制,要学会变频器参数的设定方法。

2. 实训步骤

(1)认识变频器的接口,如图 1-10-3 所示。

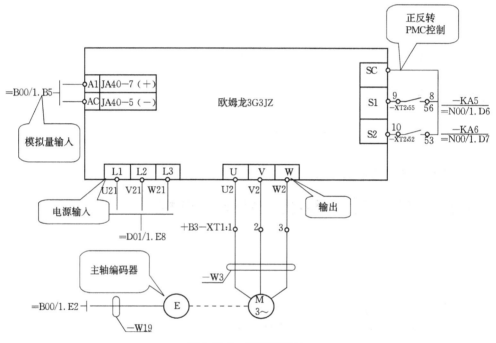

图 1-10-3　变频器接口

来自 CNC 的模拟量的输入信号,A1、AC;

动力电源的输入,L1、L2、L3;

动力电源的输出,U、V、W;

正反转的 PMC 控制,S1、S2、SC。

(2)按照电气元件图进行线路的连接,如图 1-10-4 所示。

①CNC 与变频器之间模拟信号的连接,JA40 到 A1、AC。

②变频器到电动机之间动力线的连接,U、V、W。

③电动机与编码器之间是同步带传动,编码器与 CNC 的 JA41 的连接。

④变频器与继电器板的连接,S1、S2、SC 与继电器板的 KA5、KA6 的连接。

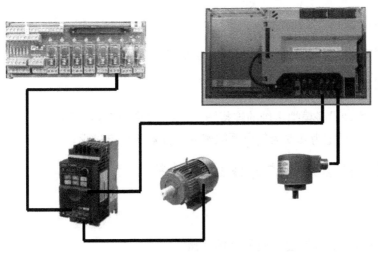

图 1-10-4 模拟主轴电路连接

（3）在欧姆龙变频器上设置表 1-10-1 所示常用参数。

表 1-10-1 欧姆龙变频器常用参数设置

参数号	一般设定值	说明
N2.00	2	频率指令输入 A1 端子有效
N2.01	2	控制回路端子（2 线和 3 线）
N1.09	0.5	加速时间
N1.10	0.5	减速时间

（4）按照图 1-10-5 流程进行操作设定。

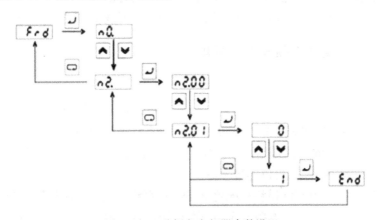

图 1-10-5 欧姆龙变频器参数设置

3. 注意事项

（1）注意安全，未经老师允许不能擅自启动设备或拆卸任何设备相关零部件，不可带电测电阻。

（2）实训完成后，组长负责清点工具并摆放整齐，各组轮流搞卫生。

五、实训报告

按实训表格要求填写实训报告,完成实训思考题。

六、实训思考题

(1)画出本实训设备模拟主轴的连接图,并指出变频器各接口的含义。

(2)以 N1.09 设定为 0.5 为例说明欧姆龙变频器的设定过程。

实训三　数控系统的 I/O Link 连接

一、实训目的

(1)了解 FANUC 0i 数控系统 I/O 的连接。

(2)熟悉查找 558 实训设备 I/O LINK 的连接及 I/O 各接口。

二、实训准备

(1)实训类型:综合型(2 学时)。

(2)实训所需的仪器、设备、元器件、材料、工具等:亚龙数控车床实训设备、YL-558 数控车实训设备电气原理图。

三、实训设备使用注意事项

(1)严格遵守实训仪器仪表的使用操作规程,严禁违规操作。

(2)实训台运行过程中每次仅限一人操作,不允许同时多人操作。

(3)自觉遵守实训室管理基本规则,严禁擅自操作实训设备,擅自启停电源开关。

四、实训简介、实训步骤与注意事项

1. 实训简介

FANUC 系统的 PMC 是通过专用的 I/O LINK 与系统进行通信的,PMC 在进行 I/O 信号控制的同时,还可以实现手轮与 I/O LINK 轴的控制,但外围的连接却很简单,且很有规律,同样是遵循从 A 到 B 的规则,系统侧的 JD51A FANUC(0i C 系统为 JD1A)接到 I/O 模块的 JD1B,JA3 或者 JA58 可以连接手轮。

FANUC 0i 系统所用 I/O 模块是配置 FANUC 系统的数控机床使用的最为广泛的 I/O 模块,其采用 4 个 50 芯插座的连接方式,分别是 CB104\CB105\CB106\CB107。

2. 实训步骤

(1)按照图 1-10-6 所示认识 FANUC 0i 系统 I/O 模块各接口。

①24 V 的电源输入接口,CP1。

②接收 CNC 信号的 I/O Link 的接口,JD1B。

③4 个 50 芯插座 CB104\CB105\CB106\CB107。

④手轮的接口,JA3A。

(2)按照图 1-10-7 完成 I/O LINK 的连接。

参见《YL-558 数控本实训设备电气原理图和接线图》,弄清 I/O 电路图,必要时借助万用表测通断。尤其要搞清其工作原理,完成如下连接:

完成 24 V 的电源输入的连接,开关电源到 I/O 上的 CP1。

完成 I/O Link 的连接,从 CNC 上的 JD51A 接口连到 I/O 上的 JD1B 接口。

完成 4 个 50 芯插座 CB104\CB105\CB106\CB107 的连接,其中 CB104 和 CB107 连接到机床的标准操作面板;CB105 连接到继电器板,CB106 连接到练习板。

完成手轮的连接。

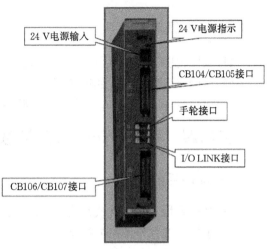

图 1-10-6　FANUC 0i 系统 I/O 模块接口

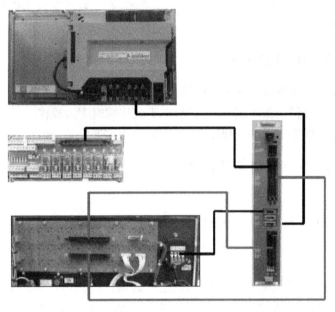

图 1-10-7　FANUC 0i 系统 I/O LINK 的连接

3. 注意事项

(1)注意安全,未经老师允许不能擅自启动设备或拆卸任何设备相关零部件,不可带电测电阻。

(2)实训完成后,组长负责清点工具并摆放整齐,各组轮流搞卫生。

五、实训报告

按实训报告要求填写实训报告,完成实训思考题。

六、实训思考题

(1)画图说明 I/O 模块各接口的含义。

(2)试画出 I/O LINK 的连接图。

(3)指出 YL-558 数控车实训设备哪些零部件是受 PMC 控制的?

实训四　数控车床的启停与急停控制

一、实训目的

(1)掌握利用万用表查找系统的启动与停止控制回路。

(2)掌握系统急停回路的控制方式。

二、实训准备

(1)实训类型:综合型(2 学时)。

(2)实训所需的仪器、设备、元器件、材料、工具等:亚龙数控车床实训设备、YL-558 数控车实训设备电气原理图。

三、实训设备使用注意事项

(1)严格遵守实训仪器仪表的使用操作规程,严禁违规操作。

(2)实训台运行过程中每次仅限一人操作,不允许同时多人操作。

(3)自觉遵守实训室管理基本规则,严禁擅自操作实训设备,擅自启停电源开关。

四、实训简介、实训步骤与注意事项

1. 实训简介

系统的启动控制回路是由启动按钮、停止按钮、启动继电器 KA9 实现控制的,图 1-10-8 所示为启动继电器的线圈所在回路,工作电压为 DC 24 V。连接的线号分别是 5 号线,12 号线和 0 号线。其中连在线圈两端的线号分别 12 号线和 0 号线。

数控车床的急停控制是由机床操作面板上的蘑菇状按钮启动,经 PMC 处理,使继电器 KA10 线圈得电控制的。系统的急停控制回路是由急停开关、急停继电器 KA10 实现控制的,图 1-10-9 所示为急停继电器的线圈所在回路,工作电压为 DC 24 V。连接的线号分别是 5 号线,13 号线和 0 号线。其中连在线圈两端的线号分别 13 号线和 0 号线。

2. 实训步骤

(1)按照图 1-10-8 所示,结合电气原理图和接线图查找启停控制电路,总结工作原理。

①按下 SB2,启动继电器 KA9 线圈,KA9 的常开触点闭合,自锁,判断 KA9 的另两组触点控制电源是否供给 CNC 系统的 CP1 接口。

②结合接线图,KA9 继电器共用到了三组触点,一组线号是 11 号线和 12 号线用来控制自锁;另两组是 5 号线和 6 号线,0 号线和 7 号线分别控制 CNC 是否得电。

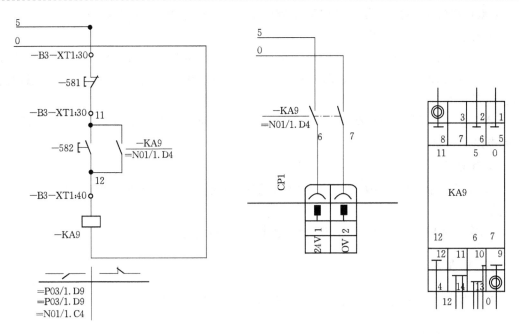

图 1-10-8　FANUC 0i 系统启停控制电路

（2）按照图 1-10-9 所示结合电气原理图和接线图查找急停控制电路，总结工作原理。

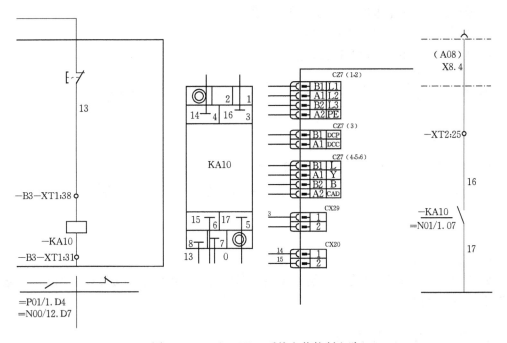

图 1-10-9　FANUC 0i 系统急停控制电路

①CX30 的控制。

结合控制回路接线图，KA10 的两组常开触点分别是 14 和 15 以及 16 和 17。其中 14 和 15 经过了端子排 XT1 连接到了 X 轴伺服放大器的 CX30 端口。

CX30 端口如果断路，会出现 SV401-就绪信号关闭的报警，伺服轴停止运动。

②急停的 PMC 控制回路。

KA10 的常开触点 16 和 17 经过了端子排 XT2 连接到了 PMC 模块，具体的地址是 X8.4，此线路出现故障或急停按钮按下时，会出现 EMG 报警，此时机床处于急停状态，所有的运动都停止。

参见电气原理图和接线图，弄清急停电路图，必要时可借助万用表测通断，尤其要搞清控制电路工作原理。

3．注意事项

(1)注意安全，未经老师允许不能擅自启动设备或拆卸任何设备相关零部件，不可带电测电阻。

(2)实训完成后，组长负责清点工具并摆放整齐，各组轮流搞卫生。

五、实训报告

按实训报告要求填写实训报告。认真完成实训小结和实训思考题。

六、实训思考题

(1)画出启停电路，说明系统启停的工作原理。

(2)画图对 KA9 继电器各接线柱进行说明。

(3)画出急停电路，说明急停的控制原理。

(4)画图对 KA10 继电器各接线柱进行说明。

实训五　亚龙 YL-558 型实训设备的电气综合连接

一、实训目的

(1)认识 FANUC 数控系统各主要接口的名称。

(2)分线路完成 YL-558 型实训设备各主要电路的电气连接，画出连接框图。

二、实训准备

(1)实训类型：综合型(4 学时)。

(2)实训所需的仪器、设备、元器件、材料、工具等：亚龙数控车床实训设备、YL-558 数控车实训设备电气原理图。

三、实训设备使用注意事项

(1)严格遵守实训仪器仪表的使用操作规程，严禁违规操作。

(2)实训台运行过程中每次仅限一人操作，不允许同时多人操作。

(3)自觉遵守实训室管理基本规则，严禁擅自操作实训设备，擅自启停电源开关。

四、实训简介、实训步骤与注意事项

1. 实训简介

在完成亚龙数控车床实训设备电气的分项控制分析之后，为进一步加深对设备电气控制的理解和总体认识，进行认识系统接口并完成数控系统的伺服连接、模拟主轴连接、I/O Link 连接及刀架控制连接等的综合训练。

2. 实训步骤

（1）认识 FANUC 数控系统各主要接口，如图 1-10-10 所示。

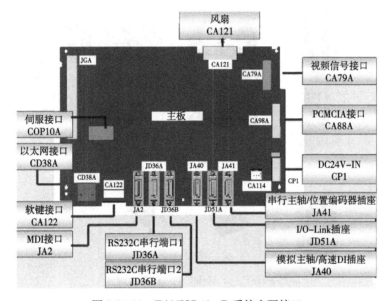

图 1-10-10 FANUC 0i D 系统主要接口

（2）完成数控系统的伺服连接，并在图 1-10-11 中画线连接。

完成 CNC 系统与 X 轴放大器、Z 轴放大器的 FSSB 总线的连接；伺服电动机与伺服放大器的连接；绝对式编码器反馈的连接；手轮的连接等。

（3）完成数控系统的模拟主轴连接，并在图 1-10-11 中画线连接。

完成 CNC 系统与变频器、三相异步电动机及旋转式编码器、继电器板等的连接。

（4）完成数控系统的 I/O Link 连接，并在图 1-10-11 中画线连接。

完成 CNC 系统与 I/O 模块、继电器板、机床标准操作面板等的连接。

（5）完成刀架的连接控制，并在图 1-10-11 中画线连接。

在 JOG 方式下，进行换刀，主要是通过机床控制面板上的手动换刀键来完成的，一般是在手动方式下，按下换刀键，刀位转入下一把刀。刀架在电气控制上，主要包含刀架电动机正反转和霍尔传感器两部分，实现刀架正反转的是三相异步电动机，通过电动机的正反转来完成刀架的转位与锁紧；而刀位传感器一般是由霍尔传感器构成，四工位刀架就有 4 个霍尔传感器安装在一块圆盘上，但触发霍尔传感器的磁铁只有 1 个，也就是说，4 个刀位信号始终有一个为 1 三个为 0 或一个为 0 三个为 1。

完成刀架电动机与刀架信号电路的连接。

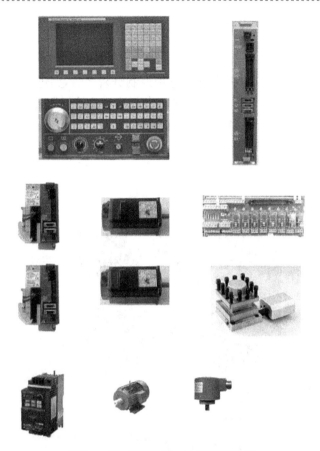

图 1-10-11　FANUC 0i　D 系统连接

3. 注意事项

(1)注意安全,未经老师允许不能擅自启动设备或拆卸任何设备相关零部件,不可带电测电阻。

(2)实训完成后,组长负责清点工具并摆放整齐,各组轮流搞卫生。

五、实训报告

按实训报告要求认真填写实训报告,完成实训思考题。

六、实训思考题

(1) 画图并指出 FANUC 数控系统各主要接口的名称。
(2)分线路画出 YL-558 型实训设备各主要电路的电气连接图。

实训六　整体与个别数据备份与恢复

一、实训目的

(1)掌握 BOOT 画面中 SRAM 和 FROM 中的数据备份与恢复方法。

（2）掌握 CF 卡的格式化方法。

（3）熟悉通过输入、输出方式进行数据的备份与加载。

二、实训准备

（1）实训类型：综合型（4 课时）。

（2）预习内容：数控机床存储卡通信的注意事项。

（3）实训前要思考的问题：存储卡的使用方法。

（4）实训所需的仪器、设备、元器件、材料、工具等：亚龙数控车床实训设备、YL-558 数控车实训设备电气原理图、CF 卡、CF 卡读卡器、计算机。

三、实训设备使用注意事项

（1）严格遵守实训仪器仪表的使用操作规程，严禁违规操作。

（2）实训台运行过程中每次仅限一人操作，不允许同时多人操作。

（3）自觉遵守实训室管理基本规则，严禁擅自操作实训设备，擅自启停电源开关。

（4）注意实训具体步骤，避免带电拔插 CF 卡。

四、实训简介、实训步骤与注意事项

1. 实训简介

实训原理与方法：FANUC 系统目前数据传输方式有 3 种，RS-232 异步串行数据传输方式、存储卡数据传输方式和以太网数据传输方式，这里仅学习快速有效的存储卡数据传输式。

2. 实训步骤

任务一：利用 CF 进行数据的备份和回装——整体数据备份。

（1）SRAM 整体数据备份。

图 1-10-12 系统引导画面主菜单

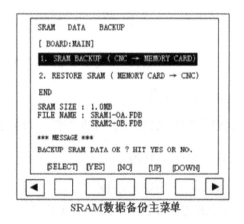

图 1-10-13 SRAM 数据主菜单

方法：先把 CF 卡插入插槽，系统开机的同时按下系统软键的最右边两个键，直到出现引导画面，用"up"或者"down"键选择"7. SRAM DATE UTILITY"，如图 1-10-12 所示，进入 SRAM 数据备份主菜单。选择"1. SRAM BACKUP(CNC→MEMORY CARD)"，如图 1-10-13 所示，将数据存储到 CF 卡中，即可完成数据备份。

(2)SRAM 数据的回装方法。

先把 CF 卡插入插槽，系统开机的同时按下系统操作软键的最右边两个键，直到出现引导画面主菜单"main menu"画面，用"up"或者"down"键选择 "7. SRAM DATE UTILITY"（见图 1-10-12），接着选择"2. RESTORE SARM(MEMORY CARD→CNC)"将数据储存到 CF 卡中，即可完成数据回装。

(3)系统数据(FROM)的备份和回装。

进入引导画面主菜单后，选择"4. SYSTEM DATA SAVE"，选择该项目下的"PMC1"即可进行备份操作。选择"2. USER DATA LOADING"即可进行回装操作。

任务二：通过输入、输出的方法进行数据的备份与回装——个别数据备份。

①数控系统参数备份。

a. 系统在编辑状态(EDIT)或急停状态。

b. 具体操作过程：SYSTEM→参数软键→操作键→扩展键→F 输出→NON-0→执行。

②PMC 梯形图备份。

a. 系统在编辑状态(EDIT)或急停。

b. 参数写保护打开。

c. 具体操作过程：SYSTEM→扩展键→PMC MNT→I/O，进入 PMC 输入/输出菜单选择后再按执行键即可。

③PMC 参数的备份(回装与之相反)。

任务三：查找 CF 卡中的内容。

①按下功能键🔲。

②依次单击【+】、【ALL I/O】，显示所有 I/O 页面，此时存储卡中的文件全部显现出来。

3. 注意事项

(1)注意安全，未经老师允许不能擅自启动设备或拆卸任何设备相关零部件，不可带电测电阻。

(2)实训完成后，组长负责清点工具并摆放整齐，各组轮流搞卫生。

五、实训报告

按教师提供的实训表格的要求认真填写实训报告，完成实训思考题。

六、实训思考题

(1)结合上图描述在 BOOT 画面下用 CF 卡进行 SRAM 数据的整体备份与恢复过程。

(2)描述在 BOOT 画面下用 CF 卡进行 PMC 梯形图的备份、删除与恢复过程。

(3)用输入输出的方法描述 CNC 参数的备份过程。

(4)用输入输出的方法描述 PMC 顺序程序和参数的备份过程。

(5)如何查询存储卡中所备份的文件？

实训七 参数支援画面下的轴设定

一、实训目的

(1)掌握参数初始化的方法。
(2)掌握轴设定画面下的五组主要参数的含义与设定。

二、实训准备

(1)实训类型：综合型(4学时)。
(2)实训所需的仪器、设备、元器件、材料、工具等：亚龙数控车床实训设备、YL-558数控车实训设备电气原理图。

三、实训设备使用注意事项

(1)严格遵守实训设备的使用操作规程，严禁违规操作。
(2)实训台运行过程中每次仅限一人操作，不允许同时多人操作。
(3)自觉遵守实训室管理基本规则，严禁擅自操作实训设备，严禁擅自启停电源开关。

四、实训简介、实训步骤与注意事项

1. 实训简介

本次实训主要学会参数的初始化方法，这是针对一些有标准值的参数进行的，对于一些没有标准值的参数，还需要单独设定，本次实训还要重点掌握参数支援画面下的轴设定，轴设定共分五组，分别查询一些设定值，记录下每个参数的含义。

2. 实训步骤

任务一：参数支援画面下参数的初始化。

(1)参数支援画面的进入方法。

首先连续按【SYSTEM】键3次进入"参数设定支援"画面，如图1-10-4所示。

(2)可以初始化的项目。

可以初始化的项目即有标准值的项目：

①轴设定。
②伺服参数。
③高精度设定。

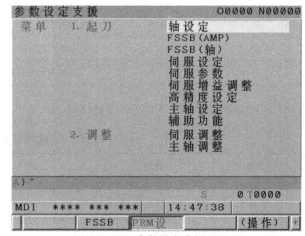

图 1-10-14 参数设定支援画面

④辅助功能。

以轴设定为例说明初始化的方法:轴设定→操作→初始化→执行。

强调:在进行初始化操作时,机床处于急停状态。

任务二:参数支援画面下的轴设定。

首先连续按【SYSTEM】键 3 次进入"参数设定支援"画面,将光标移至"轴设定",按下软键选择,出现参数设定画面,参数被分为基本组、主轴组、坐标组、进给速度组、进给控制组共五个组。

(1)基本组(见表 1-10-2)。

表 1-10-2　基本组参数设定

参数号	设定值	说明含义
1001♯0	0	米制单位
1013♯1	IS-B	最小指令单位为 0.001 mm(即 μm)
1005♯0	1	未回零执行自动运行
1005♯1	1	无挡块回参考点有效
1006♯0	0	直线轴
1006♯3	1	$X=1$(直径编程);$Z=0$
1020	88,90	轴名称
1022	1,3	设定各轴为基本坐标系中的那个轴,2 为 Y 轴,车床没有 Y 轴
1023	1,2	轴连接顺序
1815♯1	0	不使用分离型检测装置(半闭环)
1815♯4	1	机械位置和绝对位置编码器的对应关系未建立,出现 300 报警
1815♯5	1	绝对编码器
1825	3000	各轴位置环增益,这些参数不设会出现 417 报警
1826	20	到位宽度
1828	10000	各轴移动时的极限位置偏差
1829	200	各轴停止时的极限位置偏差

(2)主轴组(见表 1-10-3、表 1-10-4)。

表 1-10-3　主轴组参数设置

参数号	设定值	说明含义
3716♯0	0	模拟主轴
3717	1	主轴放大器的编号

以下为在参数搜索界面下设置主轴的其他参数。

表 1-10-4　在参数搜索界面下主轴的其他参数

参数号	设定值	说明含义
3718	80	显示下标
3720	4 096	主轴编码器脉冲数
3730	1 000	主轴速度模拟输出的增益调整
3735	0	主轴最低钳制速度
3736	1 400	主轴最高钳制速度
3741	1 400	主轴最大速度
3772	0	主轴上限钳制(设为 0 时不钳制)
8133♯5	1	不使用串行主轴

(3)坐标组(见表 1-10-5)。

表 1-10-5　坐标组参数设置

参数号	设定值	说明含义
1320	调试时按"9999999"设定 正常时按实际设定	存储行程限位正极限,这个值调试为"99999999",在设置好参考点后,采用手摇方式移动轴接近 X+ 和 Z+ 的两端,留一定的余量,观察机械坐标值,超出有 500 报警
1321	调试时按"9999999"设定 正常时按实际设定	存储行程限位负极限,同上,超出为 501 报警

强调:由于本实训台没有行程开关作硬限位,为保证安全,一定要设置有效的软限位。

(4)进给速度组(见表 1-10-6)。

表 1-10-6　进给速度组参数设置

参数号	设定值	说明含义
1410	1 000	空运行速度
1420	3 000	各轴快移速度
1421	1 000	快移倍率 F0 速度
1423	3 000	各轴的手动速度
1424	3 000	各轴的手动快移速度,同 1420
1425	300	回参考点 FL 后的速度
1428	3 000	回参考点的速度
1430	3 000	各轴的最大切削进给速度

(5)进给控制组(见表 1-10-7、表 1-10-8)。

表 1-10-7　进给控制组参数设置(1)

参数号	设定值	说明含义
1610#0	1	切削进给直线型
1610#4	0	手动指数型
1620	100	快移时间常数
1622	100	切削时间常数
1623	0	插补后切削进给的 FL 速度
1624	100	手动 JOG 时间常数
1625	0	JOG FL 速度

此时,轴还是不能移动,还需要设置(PMC 正确的前提下)表 1-10-8 所示参数。

表 1-10-8　进给控制组参数设置(2)

参数号	设定值	说明含义
3003#0	1	互锁信号无效
3003#2	1	各轴互锁信号无效
3003#3	1	不同轴向的互锁信号无效
3004#5	1	屏蔽硬限位,否则有 506,507 报警

3. 注意事项

(1)注意安全,未经老师允许不能擅自启动设备或拆卸任何设备相关零部件,不可带电测电阻。

(2)实训完成后,组长负责清点工具并摆放整齐,各组轮流搞卫生。

五、实训报告

按实训报告要求填写实训报告,完成实训思考题。

六、实训思考题

(1)简述参数支援画面的进入方法。

(2)可以初始化的项目有哪些?

(3)查询轴设定下五组参数的设定,并记录其含义。

(4)设定哪个参数可以消除 OT506,OT507 报警?

实训八　伺服设定与软限位的设置

一、实训目的

(1)掌握参数支援画面的伺服设定。

(2)掌握机床软限位的设定步骤。

二、实训准备

(1)实训类型:综合型(4 学时)。

(2)实训所需的仪器、设备、元器件、材料、工具等:亚龙数控车床实训设备、YL-558 数控车实训设备电气原理图。

三、实训设备使用注意事项

(1)严格遵守实训设备的使用操作规程,严禁违规操作。

(2)实训台运行过程中每次仅限一人操作,不允许同时多人操作。

(3)自觉遵守实训室管理基本规则,严禁擅自操作实训设备,擅自启停电源开关。

四、实训简介、实训步骤与注意事项

1. 实训简介

轴设定完毕之后还需要进行伺服设定,才能使工作台运动起来,为保证工作台的安全,伺服设定完毕之后可进行软限位的设置。

2. 实训步骤

任务一:伺服设定。

(1)在急停状态下按图 1-10-15 所示流程进行设定。

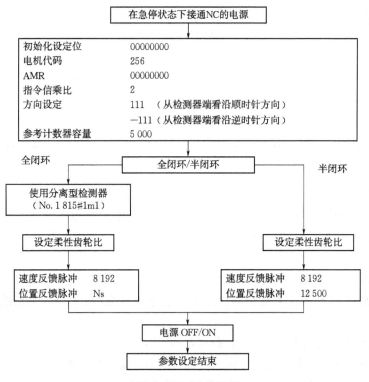

图 1-10-15　设定流程

（2）设定界面、实训台设定值及含义如图 1-10-16、表 1-10-19 所示。

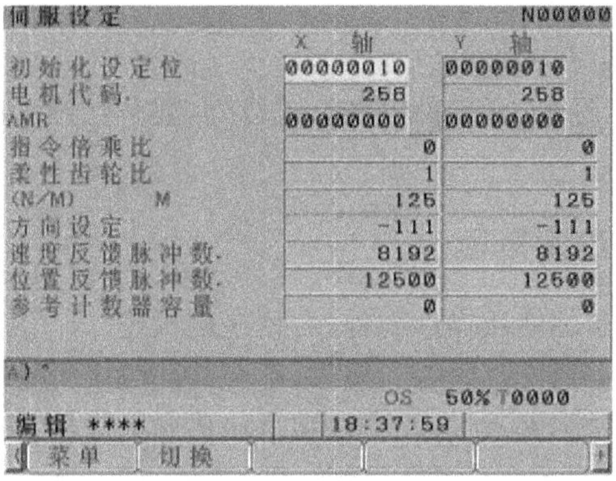

图 1-10-16　设定界面

表 1-10-9　实训台设定值及含义

	X	Z
初始化设定位	00000000	00000000
电机代码	256	256
AMR	0	0
指令倍乘比	2	2
柔性齿轮比	1	1
	250	250
方向设定	111	−111
速度反馈脉冲数	8 192	8 192
位置反馈脉冲数	12 500	12 500
参考计数器容量	5 000	5 000

任务二：软限位的设置。

先设置参考点，再在手轮状态下操作工作台朝正方向移动，在距离工作台边界一定的位置，读取坐标，记录到 1320 参数时，为正向最大值；再在手轮状态下操作工作台朝负方向移动，距离工作台的边界一定的位置，读取坐标，记录到 1321 参数时，为负向最大值。

具体步骤：

（1）1005 # 1＝1，无挡块回参考点有效。

（2）1815 # 4＝0，机械位置与绝对位置对应关系未建立（为了换一个新的参考点），断电重启。

（3）1815 # 5＝1，使用绝对编码器；断电重启。

（4）手轮模式下朝一个方向转 1 圈以上（X，Z 轴分别进行），断电重启。

（5）1815 # 4＝1，机械位置与绝对位置对应关系建立，设定当前点为新的零点（参考点）。

（6）再在手轮状态下操作工作台朝正方向移动，距离工作台的边界一定的位置，读取坐

标,记录到 1320 参数时,为正向最大值;再在手轮状态下操作工作台朝负方向移动,距离工作台的边界一定的位置,读取坐标,记录到 1321 参数时,为负向最大值(X,Z 轴分别进行)。

3. 注意事项

(1)注意安全,未经老师允许不能擅自启动设备或拆卸任何设备相关零部件,不可带电测电阻。

(2)实训完成后,组长负责清点工具并摆放整齐,各组轮流搞卫生。

五、实训报告

按实训报告要求填写实训报告,完成实训思考题。

六、实训思考题

(1)半闭环状态下伺服设定的流程。

(2)参数支援画面下实训台伺服设定值及含义。

(3)若丝杠导程为 5 mm,试写出柔性齿轮比的计算过程。

(4)若丝杠导程为 5 mm,试写出参考计数器容量的计算过程。

(5)叙述变更机床零点后机床软限位的设置过程。

实训九 I/O Link 接口的设定

一、实训目的

结合电气原理图在 YL-558 型实训设备上进行 I/O 设定。

二、实训准备

(1)实训类型:综合型(2 学时)。

(2)实训所需的仪器、设备、元器件、材料、工具等:亚龙数控车床实训设备、YL-558 数控车实训设备电气原理图。

三、实训仪器仪表使用注意事项

(1)严格遵守实训仪器仪表的使用操作规程,严禁违规操作。

(2)实训台运行过程中每次仅限一人操作,不允许同时多人操作。

(3)自觉遵守实训室管理基本规则,严禁擅自操作实训设备,擅自启停电源开关。

四、实训简介、实训步骤与注意事项

1. 实训简介

对 YL-558 FANUC 0i TD 系统用 I/O 单元进行分配,分配时考虑到手轮的连接及 CB104-CB107 中的输入输出信号,在相应的画面进行地址分配。

(1)硬件地址。

①组(GROUD):I/O 模块的基本单位,数控系统最近的 I/O 模块称为第 1 组,设定时输

入组号为 0,依次往后。

②基座(BASE):主要用于区分 I/O Unit MODEL-A 型 I/O 模块的基本基座和扩展机座,而对于现在常用的 I/O 模块(印刷电路板型或单元型),基座始终设定为 0。

③插槽(SLOT):主要用于区分 I/O Unit MODEL-A 型 I/O 模块的各个插槽的地址,而对于现在常用的 I/O 模块(印刷电路板型或单元型),插槽始终设定为 1。

(2)模块分配。

①确定输入输出点数,并确定模块的地址范围。如:本实训台为 0i mate TD 内置I/O,输入输出点数为 96/64。由于带手摇脉冲发生器,输入应分配 16 字节,输出为 8 个字节。

其中 m 为分配的起始地址,是根据"急停"键 X8.4 的地址焊接的位置确定的。例如在打印的原理图中查出本实训台 X8.4 焊接在 CB105 的 A08 接口,再查表对应的端子号为 Xm+8.4,所以 m=0,即在"地址分配"页面从 m=0 开始分配地址。根据机床设计要求确定其输入地址范围为 X0~X15,输出地址范围为 Y0~Y7。

2. 实训步骤

(1)多按几次【SYSTEM】,依次单击"+""PMCCNF""+""模块""操作""编辑",进入 I/O 设定页面,如图 1-10-17 所示。

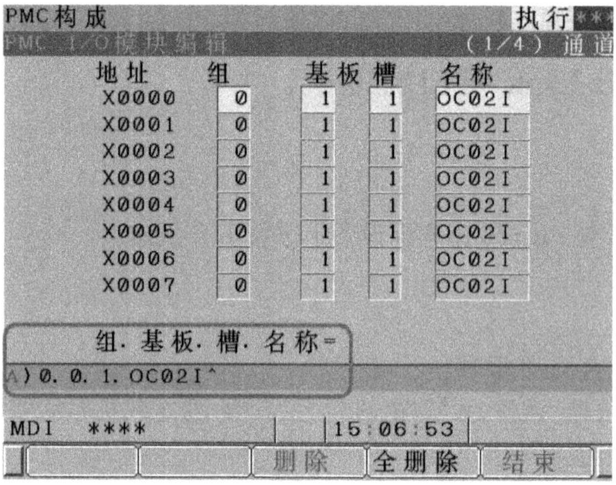

图 1-10-17 "PMC 构成"画面

(2)移动光标,放在定义的 X 初始地址位置,比如 X0 处。

(3)输入"0.0.1.OC02I",按【INPUT】键,输入地址分配完毕后,按 MDI 键盘上的向右键,黄色光标出现在 Y 地址组,上下移动光标,放在定义的 Y 初始地址组,输入"0.0.1./8",按【INPUT】键。

(4)设定完成后,保存到 FLASH ROM 中。

多按几次【SYSTEM】,然后单击"+""PMCMNT""I/O",再按向右键,单击"F-ROM",按向下键,单击"写""操作""执行"关机再开机,地址分配生效。

3. 注意事项

(1)注意安全,未经老师允许不能擅自启动设备或拆卸任何设备相关零部件,不可带电测电阻。

(2)实训完成后,组长负责清点工具并摆放整齐,各组轮流搞卫生。

五、实训报告

按实训报告要求填写实训报告,完成实训思考题。

六、实训思考题

(1)本实训设备的输入地址为什么分配 16 字节?
(2)如何进入 I/O 设定界面? 如何从 X 组切换到 Y 组?
(3)在模块分配时输入输出分别是如何分配的,请按照"组、基板、槽、名称"的顺序写出。

实训十　PMC 程序的编辑分析与调试

一、实训目的

(1)熟悉 PMC 的相关画面。
(2)学会急停 PMC 程序的编写及信号诊断。
(3)在练习板上能实现一些简单的控制。
(4)学会查找面板的地址。

二、实训准备

(1)实训类型:综合型(4 学时)。
(2)实训所需的仪器、设备、元器件、材料、工具等:亚龙数控车床实训设备、YL-558 数控车实训设备电气原理图。

三、实训仪器仪表使用注意事项

(1)严格遵守实训仪器仪表的使用操作规程,严禁违规操作。
(2)实训台运行过程中每次仅限一人操作,不允许同时多人操作。
(3)自觉遵守实训室管理基本规则,严禁擅自操作实训设备,擅自启停电源开关。

四、实训简介、实训步骤与注意事项

1. 实训简介

通过此次实践,重点了解 PMC 的操作界面,能够看懂典型的 PMC 程序的控制原理,能够在梯形图界面进行程序的输入与修改,学会用 PMC 练习板演示程序,能够在诊断界面查询各信号的地址。

2. 实训步骤

任务一:PMC 画面及具体操作。

(1)按功能键 SYSTEM 显示系统画面,再按扩展键,就可打开 PMC 操作画面,如图 1-10-18 所示。

(2)按 PMCMNT 键进入 PMC 维护画面,如图 1-10-19 所示;

PMCMNT	PMCLAD	PMCCNF	PM. MGR	(操 作)	+

图 1-10-18　PMC 操作画面

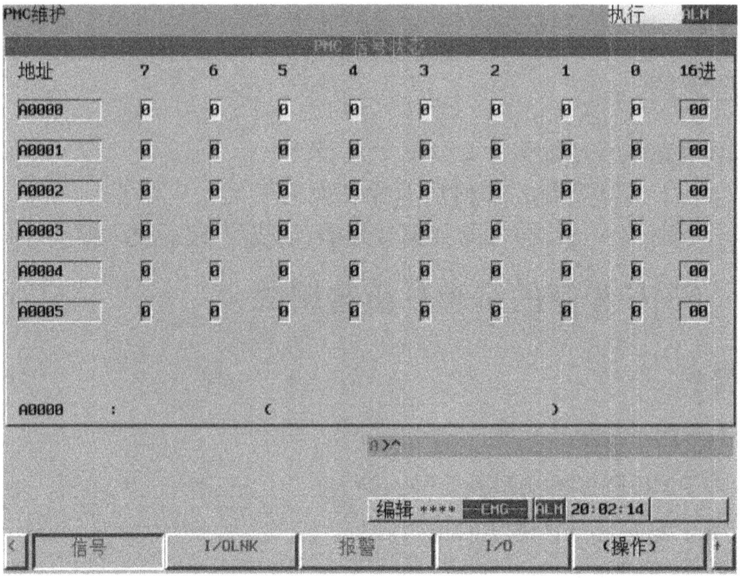

图 1-10-19　进入 PMC 维护画面

①按信号软键监控 PMC 的信号状态。

②依次按"I/OLNK""报警""I/O"键进入相应操作画面。

(3)再按 PMC 操作画面下的"PMCLAD"键进入 PMC 梯形图状态画面。

(4)再按 PMC 操作画面下的"PMCCNF"键进入 PMC 配置画面。

任务二：急停 PMC 控制。

(1)状态的监控和急停功能的确认。

查询 PMCMNT 画面监控 X8.4 的状态,从 PMCLAD 调出急停梯形图程序如图 1-10-20
所示。

图 1-10-20　急停梯形图程序

按下【急停】按钮并解除,相应的输入点和输出点就会按照程序的功能产生变化。

急停功能的编辑:将现有的 PMC 程序删除,验证急停功能失效以后,再重新输入急停梯
形图,并验证急停功能有效。必须把 PMC 的编辑功能开通,在"PMCCNF"-"设定"里完成。

(2)急停程序的删除

进入 PMCLAD 界面,单击"操作"选择"编辑",进入 PMC 的编辑界面。可通过"列表"
与光标选择相应的程序段,单击"缩放"进入单一程序段的编辑。

单击"⋯⋯⋯⋯"删除元件和横线,利用删除竖线。

单击"＋",显示"结束",单击"结束"结束单一程序段的编辑。系统提示"是否要停止

PMC 程序,并进行修改"单击"是",修改程序。系统提示:"是否需要将修改后的程序写入 FLASH ROM 中",单击"是"。

重新运行 PMC 程序(STOP-RUN),程序生效,此时,无论急停开关处于何种状态,系统一直急停。

在 PMCMNT 观察 X8.4 信号无变化,一直为 1。

(3)急停程序的输入

重新进入 PMC 编辑界面,将光标移到 END1 程序段中,单击"缩放"进入单一程序段编辑页面,利用"行插入",插入一行空白行,输入急停程序段。

将修改后的 PMC 程序保存到 FLASH ROM 中,重新启动 CNC 系统,修改后的 PMC 程序生效,急停开关的功能生效。

在 PMCMNT 观察 X8.4 信号的变化,"急停"按钮按下时 X8.4 信号为 0,"急停"按钮拔出时为 1,表明信号正常。

任务三:练习 PMC 练习板的使用。

(1)编程演示 X4.0 按下,Y4.2 灯亮。

(2)编程演示 X4.1 按下,Y4.1 作 1 秒周期闪烁。

任务四(拓展):通过 PMC 状态表,查找面板地址。

(1)主轴信号诊断

①输入信号。

在"PMC 维护-信号"下,输入"X-搜索",反复按以下按钮,根据信号的变化诊断出输入信号如下。

主轴正转:X11.5;

主轴反转:X11.6;

主轴停止:X11.2(把诊断出的信号和电气原理图作对比)。

②输出信号。

在主轴转动后,在"PMC 维护-信号"界面下,输入"Y-搜索",结合 I/O 分配诊断出输出信号如下。

主轴正转指示灯:Y7.2;

主轴反转指示灯:Y7.4;

KA5 线圈:Y3.6;

KA6 线圈:Y3.5(把诊断出的信号和电气原理图作对比)。

(2)主轴梯形图(图 1-10-21)的查找

在 PMCLAD 界面下进入梯形图列表,在缩放的状态下根据输入信号或输出信号可以进行主轴梯形图的查找。

在 MDI 键盘上输入"X11.5-搜索",快速找出了主轴正转的部分程序,输入 Y7.2-点击 W-搜索,可快速找出输出信号,通过两个对接,基本可推出主轴正转的程序,如图 1-10-21 所示。同样的方法,搜索反转的程序,如图 1-20-22 所示,记录下来。

根据记录的梯形图,重新在不同的方式下启动主轴,观察 PMC 程序的变化情况,总结各主要触点的含义。

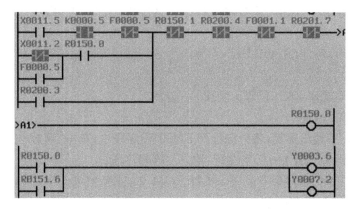

图 1-10-21　主轴梯形图

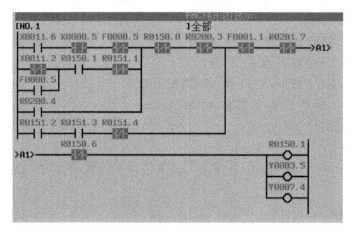

图 1-10-22　主轴梯形图

3. 注意事项

(1)注意安全,未经老师允许不能擅自启动设备或拆卸任何设备相关零部件,不可带电测电阻。

(2)实训完成后,组长负责清点工具并摆放整齐,各组轮流搞卫生。

五、实训报告

按实训报告要求填写实训报告,完成实训思考题。

六、实训思考题

(1)PMC 画面有哪些? 如何进入?

(2)写出系统急停 PMC 程序。

(3)写出任务 3 的两个 PMC 程序。

(4)通过查找 PMC 的状态表,画出面板上的主要地址。

# 整周实训指导书

整周实训一　钳工技能实训

一、实训目的

(1)正确掌握錾子和手锤的握法及锤击动作要领。

(2)正确掌握锯条安装方法。

(3)正确掌握手锯握法、锯割姿势、压力及速度。

(4)掌握正确起锯的方法。

(5)掌握工件的夹持方法。

(6)掌握锉刀柄的装拆方法。

(7)掌握平面锉削的姿势

(8)懂得锉削时两手用力的方法。

(9)掌握正确的锉削速度。

(10)掌握游标卡尺的正确使用。

(11)掌握台、立钻操作方法。

(12)掌握钻孔时转速的选择方法。

(13)掌握划线钻孔方法,并能进行一般孔的钻削加工。

二、实训任务

(1)錾削实训:培养技能,掌握正确的錾子和手锤的握法及锤击动作要领、砂轮机的使用方法。

(2)锯割实训:培养技能,掌握正确的手锯握法、锯割姿势、起锯的方法、压力及速度、工件的夹持方法。

(3)锉削:培养技能,掌握锉刀柄的装拆方法,掌握平面锉削的姿势,掌握锉削时两手用力的方法,掌握正确的锉削速度,可以正确使用游标卡尺。

(4)钻孔:培养技能,掌握台、立钻操作方法和钻孔时转速的选择方法。掌握划线钻孔方法,并能进行一般孔的钻削加工。

三、实训预备知识

1. 机械制图

零件的几何精度:

(1)形状和位置公差。

(2)表面粗糙度。

零件图：

(1)零件图的内容。

(2)零件表达方案的选择。

(3)识读零件图。

2.金属材料

常用的金属金属材料。

(1)碳素结构钢。

(2)优质碳素结构钢。

(3)其他常用材料。

四、实训设备操作安全注意事项

(1)不擅自离开实习岗位,不擅自开动与自己实习工作无关的机械设备。

(2)进入实习场地必须穿好工作服和工作鞋,女同学要戴好工作帽,操作机床时戴好护目眼镜,严禁戴手套。

(3)离开使用的机床、工作台,应关灯、切断电源。电器设备损坏应由专职电工进行修理其他人员不得擅自拆动。

(4)爱护设备及工量、刃具,工作场地要保持清洁整齐,每天下课后应整理好个人工具并把场内打扫干净。

五、实训的组织管理

实训分4组安排。

六、实训简介、实训步骤与注意事项

实训子项目一　錾削

1.实训简介

錾削应知:(1)錾削概念。(2)錾削工具。(3)錾削角度。(4)錾子刃磨。(5)安全文明。

錾削应会:

(1)錾削姿势:①手锤、錾子的握法;②站立姿势;③挥锤方法;④锤击速度。

(2)工件的夹持方法。

(3)起錾的方法。

(4)尽头錾法。

(5)錾削质量的检训方法。

(6)錾削废品分析和安全技术。

2.实训步骤

(1)錾削姿势的练习。

①初步练习:要从握錾方法、站立姿势做正确指导。先进行錾削的分步慢动作练习,主要是练习挥锤,先从腕挥开始,体会挥锤要领。练习打击准确性,逐渐腕肘挥。控制其速度为 40 次/min 左右反复练习数次,使学生解除心理负担,熟练掌握动作要领。

②模仿练习:将钢板夹在台虎钳上,伸出钳口 10~15 mm,随时纠正学生站位及锤击姿势,这时要求学生眼睛要注意观察錾子切削部位,保证姿正确,身体各部位自然,双手配合要协调。

③正常錾削练习:这一阶段的练习,是在前边练习基础上,做正式的錾削练习。

④强化錾削练习:要求稳、准、狠。注意錾削时能克服錾削的回弹力,不能使练习过的动作走样。

(2)錾削平面方法及砂轮机使用。

①起錾方法:包含正起錾与负起錾两种。

②錾削动作:握法、站立姿势、节奏。錾切时的切削后角度在 5°~8° 后角过大錾子易向工件深处扎入;后角过小,錾子易从錾削部位滑出。

③尽头地方的錾法:一般情况下,接近尽头 10~15 mm 时,必须调头錾去余下部分,否则如铸铁和青铜会崩裂。

④强化錾削练习:要求稳、准、狠。注意錾削时应克服錾削的回弹力,不能使练习过的动作走样。

⑤錾子楔角:较软的金属 30°~50°;较硬的金属 60°~70°;钢件或铸铁 50°~60°。

刃磨方法:双手握持錾子,在砂轮刃磨时,必须使切削刃高于砂轮水平中心线,在砂轮上做左右移动要平稳、均匀,并要经常蘸水冷却,以防退火。前后刀面宽 3~4 mm。

3. **注意事项**

①工件必须夹紧,伸出钳口高度一般在 10~15 mm,同时下面加木衬垫。

②錾削时要防止切屑飞出伤人,前面应设置防护网。

③清除錾屑要用刷子不得用手擦或用嘴吹。

④錾子用钝后要及时刃磨锋利。

⑤磨錾子要站立在砂轮机的斜侧位置,不能正对砂轮的旋转方向。

⑥刃磨时必须戴好防护眼镜。

⑦采用砂轮搁架时不能与砂轮相距大于 3 mm,否则易使錾子插入,引起事故。

⑧开动砂轮机后观察旋转方向是否正确(要向下转)。

⑨刃磨时对砂轮施加的压力不可太大,发现跳动严重时应及时检修。

⑩不可用棉纱裹住或戴手套对錾子进行刃磨。

实训子项目二　锯割

1. **实训简介**

锯割应知:

(1)锯割概念。

(2)手锯的结构。

(3)能根据不同材料正确选用锯条。

(4)各种材料的锯割方法。

(5)懂得锯条的折断原因和防止方法,了解锯缝产生歪斜的几种因素。

(6)安全文明。

锯割应会:

(1)手锯握法、锯割姿势、压力及速度。

(2)工件的夹持。

(3)锯条的安装。

(4)起锯方法。

2. 实训步骤

(1)工件夹持:工件应夹在台虎钳的左侧,要稳当、牢固,工件伸出钳口不应过长。锯缝离开钳口侧面约 20 mm,以防止振动,并要求锯缝划线与钳口侧面平行。

(2)锯条安装:手锯是在向前推时才起切削作用的,所以应将齿尖的方向朝前,如果方向相反,则锯齿的前角为负值,不能正常锯割。调节锯条松紧时,蝶形母不宜旋得太紧或太松,否则,会因受力过大或发生扭曲而使锯条折断。一般用手扳动锯条,感觉硬实不会发生弯曲即可。

(3)起锯:有远起锯和近起锯两种。

起锯时,左手拇指靠住锯条,使锯条能正确地锯在需要的位置上,行程要短,压力要小,速度要慢。起锯角约为 15°,过大会使锯齿钩住工件棱边,造成崩齿,过小,则同时锯割的前齿数较多,不易切入。一般多选用远起锯。当起锯后,锯到槽深 2~3 mm 锯条不会滑出槽外时,锯弓渐成水平,则可开始正常锯削。

3. 注意事项

(1)工件安装时,锯缝线应与铅线方向一致。

(2)锯条不应安装太松或相对锯弓平面扭曲。

(3)不应使用锯齿两面磨损不均的锯条。

(4)锯削压力不应过大使锯条左右摆。

(5)锯弓应扶正或用力歪斜,不使锯条背偏离锯缝中心。

(6)锯条应松紧适当,防止崩出伤人。

(7)工件将要锯断时压力要小用左手扶工件避免掉下砸伤脚。

(8)锯割钢件时可加些机油。

(9)锯割完毕应将张紧螺母适当放松,但不要拆下锯条。

(10)锯割运动一般采用小幅度的上下摆动式运动。推锯时,身体略向前倾,双手压向手锯的同时,左手上翘,右手下压;回程时,做右手上抬,左手跟回的摆动运动。速度一般为 40 次/min,锯割行程应保持匀速,返回行程速度相应快些。

每位学生按要求,在废料上划出长度 28 mm、厚度 3 mm、宽度 18 mm 两片加工线进行练习。

实训子项目三　锉削

1. 实训简介

锉削应知:

(1)锉削概念。

(2)锉刀的构造。

(3)锉齿和锉纹。

(4)锉刀的种类。

(5)锉刀的规格。

(6)锉刀的选择。

(7)锉削的种类。

(8)锉刀的保养和锉削时的安全知识。

锉削应会：

(1)锉刀的握法。

(2)锉削的姿势。

(3)锉削力的运用和锉削速度。

(4)平面的锉削。

(5)游标卡尺的使用。

2. 实训步骤

(1)工件的夹持。

①工件最好夹在台钳中间。

②工件夹持要牢固，但不能使工件变形。

③工件伸出钳口不要太高，以免锉削时工件产生振动。

④表面形状不规则的工件，夹持时要加衬垫。

⑤夹持已加工面和精密件要衬软钳口，以免夹伤工件。

(2)锉削姿势。

①锉刀的握法：

a. 比较大的锉刀的握法(200 mm 以上)。

b. 中型锉刀的握法(200 mm 左右)。

c. 较小的锉刀握法(150 mm 以下)。

②锉削的姿势：锉削时人的站立位置与錾削相似，站立姿势要便于用力，身体的重心落在左腿上，右腿伸直，左腿随锉削时的往复运动而屈伸。锉刀向前锉削的动作过程中，身体和手臂的动作要协调自如。

a. 开始时，身体向前倾斜 10°左右，右肘尽量向后收缩。

b. 锉至 1/3 行程时，身体前倾 15°左右，左膝稍有弯曲。

c. 锉至 2/3 行程时，右肘向前推进锉刀，身体逐渐向前倾斜 18°左右。

d. 锉至最后 1/3 行程时，右肘继续向前推进锉刀，身体自然地退回到 15°左右。锉削行程结束后，手和身体恢复到原来姿势，同时，略提起锉刀退回原位。

③锉削力的运用和锉削速度。

a. 推进锉刀时两手加在锉刀上的压力，应保持锉刀平稳而不得上下摆动，这样才能锉出平整的平面。

b. 锉刀的推力大小，主要由右手控制，而压力大小是由两手控制的，为了保持锉刀平稳

推进,应满足以下条件:

　　• 锉刀在任意位置时,锉刀前后端所受力矩相等。

　　• 由于锉刀位置的不断改变,所以两手的压力要相应改变,即左手压力由大逐渐变小,而右手压力则由小逐渐变大。

　　• 锉削速度一般为 30~60 次/min,速度太快,容易疲劳和加快锉齿的磨损。

　　④平面锉削的方法:

　　a. 顺向锉。

　　b. 交叉锉。

　　c. 推锉。

　　⑤检查平面度的方法:采用刀口形直尺或钢直尺及赛尺检查。

3. 注意事项

　　(1)锉刀柄不可露在桌外面,以免落下伤脚损坏锉刀。

　　(2)没有装柄的锉刀或柄已裂开超过一半不可用。

　　(3)不能用嘴吹锉屑,也不能用手擦摸锉削表面。

　　(4)锉刀不可作撬棒或手锤用。

　　(5)在练习姿势动作时身体和双手动作协调。

　　(6)正确使用工量具,并做到文明安全操作。

　　分解动作示范,站姿示范,慢速锉削示范。

实训子项目四　综合作业方锤

1. 实训简介

　　方锤如图 2-1-1 所示。

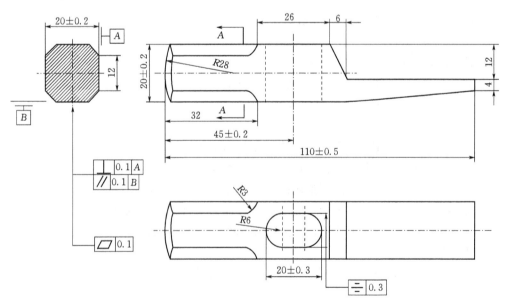

图 2-1-1　方锤

2. 实训步骤

(1)锉削基准面。

要求:平面度达到 0.1 mm。

方法:选择平面度较好的面作为基准面 A;a:横向锉,使平面度达到 0.2 mm;b:顺向锉,平面度达到 0.1 mm。

(2)锉削平行面 B。

要求:平面度达到 0.1 mm;平行度 0.1 mm($B/\!/A$);尺寸:(20±0.2)mm,用高度游标卡画出 20 mm 加工线。

方法:同锉削基准面一样。先横后顺,横向锉时要使被锉面平行于加工线。常观察前边,注意过限。

(3)锉削垂直面斜。

要求:平面度达到 0.1 mm;垂直度达到 0.1 mm。

方法:同上。注意横锉时要常检查 C 面垂直 A 面的情况。

(4)锉削另一垂直面 D。

要求:平面度达到 0.1 mm;垂直度达到 0.1 mm;平行度达到 0.1 mm;尺寸:(20±0.2)mm。

方法:同上。用高度游标卡画出 20 mm 加工线。注意横锉时要常检查 D 面垂直 A 面的情况。注意平行 C 面情况。

(5)锉削两端面 E、F。

要求:平面度达到 0.1 mm;垂直度达到 0.1 mm;尺寸:(110±0.5)mm。

(6)锤柄孔加工。

①用高度游标卡画出孔中心线。

②按图 2-1-1 所示尺寸划出腰形孔加工线,先画半圆,再连接半圆。

③划出 ϕ9 mm 钻孔的两圆。

(7)削腰形孔。

要求:孔正,连接圆滑,半圆要圆,对称。尺寸:(20±0.3)mm。

方法:①用 150 mm 方锉锉平两圆孔相切的凸起部分,接近加工线。注意:应常检查前孔边情况,不伤圆弧段。

②用 250 mm 圆锉锉圆弧接近线。注意:常检查前孔边情况,加工达到要求。

(8)加工扁尾部分。

要求:扁尾要正,面凹交处不许有沟状,凸交处棱角分明。

方法:立体划线,将锤尾加工线一次划出。

①锯扁尾余量。要求:锯平直,不得锯入加工线内。

②锉扁尾余量。要求:交替锉削锯削两面接近加工线,然后精修。

(9)倒边。

要求:对称,平直。用高度尺划出四角加工线。

方法:锉削。

①工件夹持:夹头部对角。

②用 150 mm 圆锉锉弧槽,用左手拇指靠圆锉起锉,锉至 1～2 mm,再双手握锉,锉出弧槽与加工线相切。

③用 250 mm 细平锉锉到位,符合要求。

(10)锉球头。

要求:圆滑,对称。

方法:划线 2 mm 倒角。

(11)抛光。

要求:不许有夹伤,横纹,纹顺纵向。

方法:先用细锉打光,再用砂布打光,符合图纸的要求。

3. 注意事项

(1)正确使用划线工具。

(2)合理选择锉刀。

(3)严格遵守钻床使用操作规程。

(4)在练习姿势动作时身体和双手动作协调。

(5)正确使用工量具,并做到文明安全操作。

七、考核标准(见表 2-1-1)

由指导教师根据实训的情况,以及学生在实训过程中的表现、实训课题完成质量、实训报告书以及考勤等,综合评定。

(1)综合作业 70%。

(2)实训报告 10%。

(3)课堂纪律、考勤 20%。

实训成绩分:优、良、中、及格、不及格五等。

表 2-1-1　考核标准一览表

序号	考核内容	考核标准	评分标准	考试形式
1	子项目一　錾削	±1	超差不得分	考查
2	子项目二　锯割	±1	超差不得分	考查
3	子项目三　锉削	±0.1	超差不得分	考查
4	子项目四　综合作业方锤	工艺卡	超差不得分	考查

八、实训报告

对两周钳工实训錾、锯、锉练习及综合作业过程进行总结,说明存在的问题,解决措施及实训收获。

九、附件:综合作业方锤工艺卡评分标准(见表 2-1-2)

表 2-1-2 方锤工艺卡评分标准

技术要求及评分办法											
项目	20±0.2	20±0.3	110±0.5	//0.1	⊥0.1	▱0.1	≡0.3	倒边对称等高不伤	$\sqrt{Ra12.5}$	孔正圆滑	工时	总得分
单项分	5分×2	5分×1	5分×1	5分×2	2分×4	1分×7	5分×1	8分	8分	4分		—
实测												—
得分												

课堂纪律					安全文明实习			说明:
20分					10分			1. 因不慎需要换毛坯操作,从得分中扣掉10分。
迟到	早退	脱岗	打闹	其他	违章作业	事故	卫生	2. 迟到−5分/次;旷课−10分/次;早退−5分/次;打闹−5分/次;脱岗酌情扣2~5分/次
								3. 磨废工具−5分/次;负责的清洁区及工作台不卫生、乱抹墙壁−5分/次

整周实训二　车工技能实训

一、实训目的

通过机械加工实习使学生初步接触机械制造生产实际,获得金属切削加工工艺基础知识;熟悉机械零件常用加工方法及所使用的设备和工具;初步掌握常用机床的基本操作技能并掌握一定的操作技巧,为相关课程的理论学习及将来从事生产技术工作打下基础。同时培养学生"严谨、求真、务实、创新"的工程技术思想,增强实践工作能力,激发学生学习专业知识的热情,接受产品质量与经济观念、理论联系实际和科学工作作风等方面的教育。

(1)了解车床型号、规格、主要部件的名称和作用。

(2)初步了解车床各部分传动系统。

(3)熟练掌握大拖板、中拖板、小拖板的进退刀方向。

(4)根据需要,按车床铭牌对各手柄位置进行调整。

(5)懂得车床维护、保养及文明生产和安全技术的知识。

二、实训任务

(1)掌握机床调整方法、工件及刀具的安装方法、工件的测量方法。

(2)掌握车削外圆台阶、车削端面、车削圆锥体、车削普通螺纹、考试件综合(切槽)加工要领和操作方法。能按零件的加工要求正确使用刀具、夹具、量具,独立完成简单轴类零件的车削加工。

三、实训预备知识

预备知识包括:刀具的基本角度,车削基本知识,轴类工件基本加工工艺,圆锥工件基本加工工艺,普通螺纹工件基本加工工艺及参数公式计算,车削加工质量问题分析及处理方法,机械制图,车工工艺学,机械基础,公差配合,金属材料等。

四、实训设备操作安全注意事项

1. 实训设备

车床型号的含义。例:C6140A(图 2-2-1),C:车床代号,61:落地卧式,40:主参数(表示床身上可加工的工件直径最大为 400 mm),A:进行过第一次重大改进。

车床的各组成部分:

主轴部分;挂轮箱部分;溜板部分;尾座部分;床身;附件。

运动方向(四种):

纵向进给;纵向后退;横向进给;横向后退。

操作示范:以 C6140A 车床为例分析车床构成,各部件名称,纵、横向操作方法。

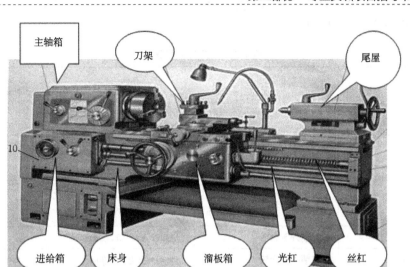

主轴箱　刀架　尾屋
10
进给箱　床身　溜板箱　光杠　丝杠

图 2-2-1　C6140A 普通车床

2. 注意事项

(1)工作时,要穿工作服或紧身衣服,袖口要扎紧。

(2)操作者一般应配戴帽子,女同学的头发或辫子必须放在帽子里。

(3)工作时,头不能离工件太近,以防切屑飞入眼睛。如果切屑细而分散,则必须戴上护目镜。

(4)手和身体不能靠近正在旋转的工件,更不能在工作场地开玩笑、打闹。

(5)工件和刀具必须装夹牢固,防止飞出伤人。

(6)车床开动时,不能测量工件,更不能用手去触摸工件。

(7)不能直接用手去清除切屑,应用专用的钩子清除。

(8)不能用手去刹住转动着的卡盘。

(9)操作车床时,不能戴手套,磨车刀一定不能戴手套。

(10)变速时要停车,以保护零件。

(11)不得任意装拆电气设备,出现故障应及时寻求专业人士帮助。

五、实训的组织管理

1. 实训分组安排:每组＿＿＿＿＿＿＿人

(1)分小组进行实训,指导老师指定工作量要按时完成。

(2)根据图纸的要求,刀具的装夹和工件参数的计算,由实训小组共同讨论、分工协作完成。

(3)在不同的零件加工实训中,小组成员应互相讨论,充分参与,制订合理的加工方案。

(4)由指导老师选出的同学担任组长,严格控制各个组员的上机床操作顺序和秩序。严格遵守单人操作和正确的操作规程。每次实作课结束后,应打扫、维护车床,整理量具刀具等,打扫实习基地。

2.时间安排(见表2-2-1)

表2-2-1 实训时间安排

教学时间		实训单项名称	具体内容	学时数	备注
星期	节次	(或任务名称)	(知识点)		
第一周					
星期一	1～4	普车机床的基本操作	熟悉车床的主运动、进给量、切削量、背吃刀量	4	
星期一	5～6	掌握磨刀技能	刃磨90°外圆车刀、60°螺纹刀、切槽刀等	2	
星期二	1～6	车削外圆台阶	加工外圆台阶、端面	6	
星期三	1～6	车削外圆台阶	加工外圆台阶、端面	6	
星期四	1～6	车削圆锥体	外圆台阶、锥面	6	
星期五	1～4	车削圆锥体	外圆台阶、锥面	4	
第二周					
星期一	1～6	车削普通螺纹	加工螺纹、外切槽	6	
星期二	1～6	车削普通螺纹	加工螺纹、外切槽	6	
星期三	1～2	车削普通螺纹	加工螺纹、外切槽	2	
星期三	4～6	综合加工考试	外圆台阶、外切槽及外螺纹	4	
星期四	1～6	综合加工考试	外圆台阶、外切槽及外螺纹	6	
星期四	1～4	综合加工考试	外圆台阶、外切槽及外螺纹	4	

六、实训简介、实训步骤与注意事项

实训子项目一 普通车床的基本操作

1.实训简介

本项目主要介绍普通车床的基本操作方法及步骤,这是普通车床基本操作实训的主要内容。了解普车加工的安全操作规程,熟悉普车加工的生产环境、普通车床的基本操作方法、步骤和对操作者的有关要求,掌握普通车床车削加工中的基本操作技能,培养良好的职业道德。

2.实训步骤

(1)文明生产(讲述)。

①遵守纪律:按时上、下课,不得迟到早退,无故旷课,打闹嬉戏。

②坚守岗位:不可擅自离开实训场地,溜岗串岗,做与上课无关之事。

③保持卫生:保持车床清洁卫生,工具整齐摆放,公共场地轮流值日。

④交接记录:要认真填写数控车床的工作日志,做好交接工作。

(2)安全技术(讲述)。

要确保安全生产,就必须按要求穿戴好工作服,严格按照普通车床的安全操作规程操作机床。

(3)普通车床操作的一般步骤。

普通车床加工工件前要准备好工件毛坯压板、夹具等装夹工具,然后按以下步骤进行操作:

①检查油压、开关、电气等系统是否正常,然后打开电源总开关,启动车床,操作车床的各个坐标轴返回普通车床参考点,以保证普通车床的后续操作正常无误。

②检查普通车床各系统的运行情况是否正常。

③清理工作台面,防止由于上次操作加工后的切削未完全清理干净而划伤车床或工件,正确装夹工件,并校正工作平面。

④实时监控普通车床的运行状态,防止出现由于非正常的切削而造成普通车床或者是工件的损坏。

(4)普车车床的操作的注意事项。

①每次开机前都要检查车床的润滑、液压、气动、切削液以及电源和电子电路等系统是否正常。

②普通车床的开机、关机的操作步骤,一定要按照给定的规定操作。

③普通车床在正常运行时不允许开启电气柜,以防止出现意外。

④普通车床在正常运行的情况下,禁止按下"急停"按钮。

⑤车床发生故障时,操作者一定要注意保留现场,并向维修人员如实说明故障发生前后的情况,以便分析问题,查找故障原因。

⑥操作人员没有得到相关的批准前,不得随意更改控制系统内生产厂家设定的参数。

(5)主运动、进给运动,车床转速和进给量(现场讲述)。

3. 注意事项

(1)操作普通车床时应确保安全,包括人身和设备的安全。

(2)禁止多人同时操作车床。

(3)禁止使车床在同一方向连续"超程"。

实训子项目二　磨刀技能

1. 实训简介

车刀的刃磨是切削加工中一项具有较高技术含量的基本操作,操作者需要熟悉相关理论知识和刃磨原理,熟练掌握刃磨方法及操作技巧。为便于初学者尽快熟悉和记忆车刀刃磨的概念、方法与技巧,进行车刀刃磨实训。

2. 实训步骤

(1)常用车刀种类和材料,砂轮的选用可通过下述内容理解记忆。

①常用车刀五大类,切削用途各不同,外圆内孔和螺纹,切断成形也常用。

②车刀刃形分三种,直线曲线加复合;车刀材料种类多,常用碳钢氧化铝。

③硬质合金碳化硅,根据材料选砂轮;砂轮颗粒分粒度,粗细不同勿乱用;粗砂轮磨粗车刀,精车刀选细砂轮。

(2)车刀刃磨操作技巧与注意事项。

①刃磨开机先检查,设备安全最重要;砂轮转速稳定后,双手握刀立轮侧。

②两肘夹紧腰部处,刃磨平稳防抖动;车刀高低须控制,砂轮水平中心处。

③刀压砂轮力适中,反力太大易打滑;手持车刀均匀移,温高烫手则暂离。

④刀离砂轮应小心,保护刀尖先抬起;高速钢刀可水冷,防止退火保硬度。

⑤硬质合金勿水淬,骤冷易使刀具裂;先停磨削后停机,人离机房断电源。

(3)90°、75°等外圆车刀刃磨步骤。

①磨出刀杆部分的主后角和副后角,其数值比刀片部分的后角大 2°～3°。

②粗磨主后刀面,磨出主后角和主偏角。

③粗磨副后刀面,磨出副后角和副偏角。

④粗磨前刀面,磨出前角。

⑤精磨前刀面,磨好前角和断屑槽。

⑥精磨主后刀面,磨好主后角和主偏角。

⑦精磨副后刀面,磨好副后角和副偏角。

3. 注意事项

①刃磨刀具前,应首先检查砂轮有无裂纹,砂轮轴螺母是否拧紧,并经试转后使用,以免砂轮碎裂或飞出伤人。

②刃磨刀具不能用力过大,否则会使手打滑而触及砂轮面,造成工伤事故。

③磨刀时应戴防护眼镜,以免砂砾和铁屑飞入眼中。

④磨刀时不要正对砂轮的旋转方向站立,以防意外。

⑤磨小刀头时,必须把小刀头装入刀杆上。

⑥砂轮支架与砂轮的间隙不得大于 3 mm,如发现过大,应调整适当。

实训子项目三　车削外圆台阶

1. 实训简介

如图 2-2-2 所示,因工件材料可二次利用所以初步练习先可利用旧材料进行训练;图 2-2-2 所示尺寸由指导老师现场统一定出。如作为考核材料可准备 $\phi32$ mm×100 mm,45 圆钢。

2. 实训步骤

(1)加工零件图样分析:毛坯直径为 $\phi32$ mm,总长为 100 mm,要求尺寸 D_2 上极限偏差为 +0.02 mm,下极限偏差为 -0.03 mm,D_1 上极限偏差为 +0.02 mm,下极限偏差为 -0.03 mm,长度尺寸上极限偏差为 0.00,下极限偏差为 -0.1 mm,粗糙度均为 $Ra3.2$ μm。

(2)装夹方案:利用三抓自定心卡盘能够在准确自动定心或对中的同时夹紧工件。当工件被加工面以中心要素(轴线、中心平面等)为工序基准时,采用定心夹紧机构,能实现基准重合,可提高定位精度。

(3)加工工序:

①装夹 $\phi32$ mm 的外圆,工件伸出长度 65 mm,找正。装夹 45°车刀,90°外圆车刀。

②采用 45°车刀车平面,车平即可。用 90°车刀加工外圆台阶。

③粗精加工外轮廓至尺寸要求,并保证表面粗糙度。

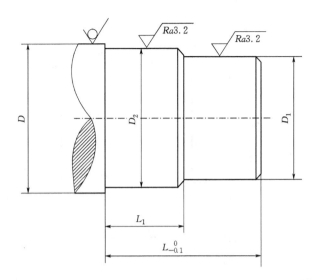

图 2-2-2　车削外圆台阶实训图

（4）刀具及切削参数选择见表 2-2-2。

表 2-2-2　刀具及切削参数

刀位号	所选刀具	加工类别	背吃刀量（mm）	进给量（mm/r）	主轴转速（r/min）	加工部位
T01	45°端面车刀	—	1	0.25～0.3	500～800	端面
T02	90°外圆车刀	粗车	2	0.2～0.3	450	外轮廓
T02	90°外圆车刀	半精车	1	0.15～0.2	500～800	外轮廓
T03	90°外圆车刀	精车	0.5	0.1～0.15	800～1 000	外轮廓

3. 注意事项

（1）加工时工件刀具要装夹牢固；避免工件与刀具飞出。

（2）在示范操作中着重强调操作姿势，手与手、手与眼的协调性。

（3）加工完成后要保证工件质量，要正确使用工量具。

实训子项目四　车削圆锥体

1. 实训简介

如图 2-2-3 所示，因工件材料可二次利用所以初步练习时可先利用旧材料进行训练；以图 2-2-3 所示尺寸由指导老师现场统一定出。

考核材料可准备：ϕ32 mm×100 mm，45 圆钢。

2. 实训步骤

（1）加工零件图样分析：毛坯直径为 ϕ32 mm，总长为 100 mm，要求尺寸 D_2 上极限偏差为 +0.02 mm，下极限偏差为 −0.03 mm，D_1 上极限偏差为 +0.02 mm，下极限偏差为 −0.03 mm，长度尺寸上极限偏差为 0.00，下极限偏差为 −0.1 mm，粗糙度均为 $Ra3.2~\mu m$。

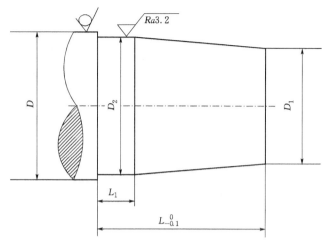

图 2-2-3　车削圆锥体实训图

（2）装夹方案：利用三抓自定心卡盘能够在准确自动定心或对中的同时夹紧工件。当工件被加工面以中心要素（轴线、中心平面等）为工序基准时，采用定心夹紧机构，能实现基准重合，可提高定位精度。

（3）加工工序。

①装夹 ϕ32 mm 的外圆，工件伸出长度 50 mm，找正。装夹 45°车刀，90°车刀。

②采用 45°车刀车平面，车平即可，用 90°车刀进行外沿台阶加工。

③粗精加工外轮廓至尺寸要求，并保证表面粗糙度。

（4）参数计算公式。

采用转动小拖板法车削圆锥的加工过程：

①转动方向（逆时针）。

②角度的调整（$\alpha/2$）。

③刀尖的运动方向：斜向。

④斜度计算公式：$\tan \alpha = (D-d)/(2L)$（D 表示大头直径，d 表示小头直径，L 表示锥体长度）。

（5）刀具及切削参数选择见表 2-2-3。

表 2-2-3　刀具及切削参数

刀位号	所选刀具	加工类别	背吃刀量(mm)	进给量(mm/r)	主轴转速(r/min)	加工部位
T01	45°端面车刀		1	0.25～0.3	500～800	端面
T02	90°外圆车刀	粗车	2	0.2～0.3	450	外轮廓
T02	90°外圆车刀	半精车	1	0.15～0.2	500～800	外轮廓
T03	90°外圆车刀	精车	0.5	0.1～0.15	800～1 000	外轮廓

3. 注意事项

（1）加工时工件刀具要装夹牢固，避免工件与刀具飞出。

（2）注意车削圆锥的方法技巧。

(3)掌握精调角度的方法和涂色检验的方法以及判断圆锥角度的大小。

(4)掌握小滑板转动角度的计算方法。

实训子项目五　车削普通螺纹

1. 实训简介

如图 2-2-4 所示,因工件材料可二次利用所以初步练习时可先利用旧材料进行训练。图 2-2-4 所示尺寸由指导老师现场统一定出。

考核材料可准备:$\phi 28$ mm×100 mm,45 圆钢。

2. 实训步骤

(1)加工零件图样分析。

毛坯直径为 $\phi 28$ mm,总长为 100 mm,螺纹部分底圆直径上极限偏差为 +0.02 mm,下极限偏差为 -0.03 mm,长度尺寸上极限偏差为 0.00,下极限偏差为 -0.1 mm,粗糙度均为 $Ra3.2$ μm。

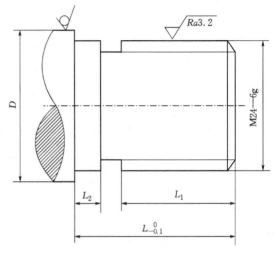

图 2-2-4　车削普通螺纹实训图

(2)装夹方案:利用三抓自定心卡盘能够在准确自动定心或对中的同时夹紧工件。当工件被加工面以中心要素(轴线、中心平面等)为工序基准时,采用定心夹紧机构,能实现基准重合,可提高定位精度。

(3)加工工序。

①装夹 $\phi 25$ mm 的外圆,工件伸出长度为 55 mm,找正。装夹 45°车刀,90°外圆车刀。

②采用 45°车刀车平面,车平即可。用 90°车刀加工外圆台阶。

③粗精加工外轮廓至尺寸要求,并保证表面粗糙度。

(4)普通螺纹的加工参数。

①牙型角:取决于车刀刀尖的刃磨和安装。

②螺距:由车床进给运动速度保证。

③中径:由多次进刀的总背吃刀量获得,一般根据牙型高度,由进给刻度盘控制,可用螺纹千分尺直接测量。

(5)车削普通螺纹的进刀方法。

①低速车削法(用高速钢车刀):

直进法(常用于车削螺距小于 3 mm 的普通螺纹);左右车削法;斜进法。

②高速车削法(用硬质合金车刀):只能采用直进法。

(6)切削用量的选择(主要是背吃刀量和切削速度的选择)。

①根据车削要求选择:切削用量逐渐减少,精车时,背吃刀量应更小。切削速度应选低些,粗车时 $v_c = 10 \sim 15$ m/min;精车时 $v_c = 6$ m/min。

②根据切削状况选择:外螺纹选大,内螺纹选小,大螺距选小。

③根据工件材料选择：脆性选小，塑性选大。

④根据进给方式选择：直进法车削，切削用量应选小。

(7)普通螺纹基本尺寸计算公式。

①螺纹大径的基本尺寸与公称直径相同，$d=D=$ 公称直径。

②中径 $d_2=D_2=d-0.6495p$。

③牙型高度 $h_1=0.5413p$。

④螺纹小径 $d_1=D_1=d-1.0825p$。

(8)刀具及切削参数选择见表 2-2-4。

表 2-2-4　刀具及切削参数

刀位号	所选刀具	加工类别	背吃刀量(mm)	进给量(mm/r)	主轴转速(r/min)	加工部位
T01	45°端面车刀	—	1	0.25～0.3	500～800	端面
T02	90°外圆车刀	粗车	2	0.2～0.3	450	外轮廓
T02	90°外圆车刀	半精车	1	0.15～0.2	500～800	外轮廓
T03	90°外圆车刀	精车	0.5	0.1～0.15	800～1 000	外轮廓
T04	外切槽刀	粗车	2	0.2～0.3	280～350	外轮廓
T05	外切槽刀	精车	0.5	0.1～0.15	350～500	外轮廓
T06	60°外螺纹刀	粗车	1	—	50	外轮廓
T07	60°外螺纹刀	半粗车	0.5	—	35	外轮廓
T08	60°外螺纹刀	精粗车	0.05～0.1	—	15	外轮廓

3. 注意事项

(1)车螺纹时，若第二次进刀的运动轨迹与第一次不重合，结果把螺纹车乱而报废，称为乱扣(或乱牙)。为避免乱扣发生，在车削过程中和退刀时一般不得脱开开合螺母。但当丝杠螺距与工件螺距之比为整数倍时，退刀时可以脱开开合螺母，再次合上切削时，不会乱扣。

(2)工件与主轴及车刀的相对位置不可改变，确实需要改变时必须重新对刀检查。

(3)如车削内螺纹时车刀横向进退方向与车削外螺纹时相反，若螺纹公称直径较小，可以在车床上用丝锥攻螺纹。

实训子项目六　考试件综合加工

1. 项目简介

如图 2-2-5 所示，因工件材料可二次利用所以初步练习时可先利用旧材料进行训练；以下图纸中未标注尺寸由指导老师现场统一定出。如作为考核材料可准备：$\phi40$ mm×110 mm，45 圆钢。

2. 实训步骤

(1)加工零件图样分析：

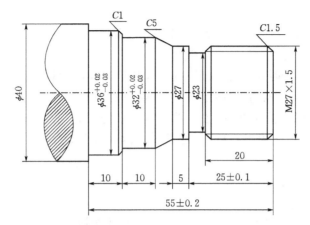

图 2-2-5 考试件综合加工实训图

毛坯直径为 $\phi40$ mm，总长为 110 mm，要求尺寸 D_2 上极限偏差为 $+0.02$ mm，下极限偏差为 -0.03 mm，D_1 上极限偏差为 $+0.02$ mm，下极限偏差为 -0.03 mm，粗糙度均为 $Ra3.2$ μm。

（2）装夹方案：利用三抓自定心卡盘能够在准确自动定心或对中的同时夹紧工件。当工件被加工面以中心要素（轴线、中心平面等）为工序基准时，采用定心夹紧机构，能实现基准重合，可提高定位精度。

（3）加工工序。

①装夹 $\phi40$ mm 的外圆，工件伸出长度为 65 mm，找正。装夹 45°车刀，90°外圆车刀，切槽刀，60°外圆螺纹刀。

②采用 45°车刃车平面，车平即可。用 90°车刀加工外圆台阶，用外切槽刀加工沟槽，然后再用 60°外圆螺纹刀加工外螺纹。

③粗精加工外轮廓至尺寸要求，并保证表面粗糙度。

（4）刀具及切削参数选择见表 2-2-5。

表 2-2-5 刀具及切削参数

刀位号	所选刀具	加工类别	背吃刀量(mm)	进给量(mm/r)	主轴转速(r/min)	加工部位
T01	45°端面车刀	—	1	0.25～0.3	500～800	端面
T02	90°外圆车刀	粗车	2	0.2～0.3	450	外轮廓
T02	90°外圆车刀	半精车	1	0.15～0.2	500～800	外轮廓
T03	90°外圆车刀	精车	0.5	0.1～0.15	800～1 000	外轮廓
T04	外切槽刀	粗车	2	0.2～0.3	280～350	外轮廓
T05	外切槽刀	精车	0.5	0.1～0.15	350～500	外轮廓
T06	60°外螺纹刀	粗车	1	—	50	外轮廓
T07	60°外螺纹刀	半粗车	0.5	—	35	外轮廓
T08	60°外螺纹刀	精粗车	0.05～0.1	—	15	外轮廓

3. 注意事项

(1)加工时工件刀具要装夹牢固,避免工件与刀具飞出。

(2)在加工过程中要注意保证尺寸精度。

(3)加工螺纹退刀槽时,要注意按尺寸加工,退刀槽不能过浅,以免加工时碰到。

(4)车螺纹时,若第二次进刀的运动轨迹与第一次不重合,则可能把螺纹车乱而报废,称为乱扣(或乱牙)。为避免乱扣发生,在车削过程中和退刀时一般不得脱开开合螺母。但当丝杠螺距与工件螺距之比为整数倍时,退刀时可以脱开开合螺母,再次合上切削时,不会乱扣。

七、考核标准

成绩考核要求学生都能独立完成每个项目,每个小组以工位成员组成;一般推荐每小组质量好的零件作为讲评的依据,鼓励学生精益求精、吃苦耐劳,争取最好的成绩,每个项目的分值与评分标准见表2-2-6～表2-2-9。

表 2-2-6　车削外圆台阶评分表

序号	考核内容	加工尺寸	分值	尺寸测量	得分	评分标准	考试形式
1	车削外圆	$D_1{}^{+0.01}_{-0.15}\ \mu m$	35 分			超差±0.02 扣 8 分	单独实际操作
2		$D_2{}^{+0.05}_{-0.049}\ \mu m$	35 分			超差±0.02 扣 8 分	
3		L_1	5 分			超差-0.15 不得分	
4		$L{}^{0}_{-0.1}$	7 分			超差-0.12 不得分	
5		倒角 1×45°(2 处)	每处 4 分			不合格不得分	
6		$Ra3.2$(2 处)	每处 5 分			粗糙度降一级减 2 分	
总分				100 分			

表 2-2-7　车削圆锥体评分表

序号	考核内容	加工尺寸	分值	尺寸测量	得分	评分标准	考试形式
1	车削圆锥体	$D_1{}^{+0.1}_{-0.15}\ \mu m$	13 分			超差±0.05 扣 5 分 粗糙度降一级减 2 分	单独实际操作
2		$D_2{}^{+0.05}_{-0.049}\ \mu m$	40 分			超差±0.02 扣 10 分 粗糙度降一级减 2 分	
3		L_1	6 分			超差-0.15 不得分	
4		$L{}^{0}_{-0.1}$	15 分			超差-0.12 不得分	
5		锥度比 1：5	10 分			不合格不得分	
6		$Ra3.2$(2 处)	每处 5 分			粗糙度降一级减 2 分	
7		倒角 1×45°	6 分			不合格不得分	
总分				100 分			

表 2-2-8　车削普通螺纹评分表

序号	考核内容	加工尺寸	分值	尺寸测量	得分	评分标准	考试形式
1	车削普通螺纹	M24-6g	50 分			用环规测量不合格扣 40 分,其他酌情扣分 粗糙度降一级减 2 分	单独实际操作
2		$D_1{}^{+0.03}_{-0.15}$	15 分			超差±0.05 扣 6 分 粗糙度降一级减 2 分	
3		L_1	5 分			超差±0.1 不得分	
4		L_2	5 分			超差±0.1 不得分	
5		$L{}^{0}_{-0.1}$	6 分			超差±0.12 不得分	
6		倒角 2×45°	4 分			不合格不得分	
7		$Ra3.2$(2 处)	15 分			粗糙度降一级减 2 分	
总分				100 分			

表 2-2-9　考试件综合加工评分表

序号	考核内容	加工尺寸		分值	尺寸测量	评分标准	考试形式
1	考试件综合加工	$\phi36{}^{+0.02}_{-0.03}$		15 分		超差±0.02 扣 8 分	单独实际操作
2		$\phi32{}^{+0.02}_{-0.03}$		15 分		超差±0.02 扣 8 分	
3		$\phi27$		5 分		超自由公差外不得分	
		$\phi23$(槽)		5 分			
4		M27×1.5		25 分		环规配合不合格不得分	
5		3 处倒角	C1	2 分		不合格不得分	
			C1.5	2 分			
			C5	5 分			
6		长度	25±0.1	4 分		超差±0.02 扣 2 分	
			55±0.2	4 分			
7		$Ra3.2$(6 处)		18 分		粗糙度降一级不得分	
总分					100 分		

八、实训报告

由指导教师根据实训课题完成质量、学生在实训过程中的安全操作纪律和出勤情况以及实训报告质量等综合评定,按"优""良""中""及格"和"不及格"评定成绩。

(1)考试完成质量:60%。

(2)安全文明实训:10%。

(3)实训考勤纪律:10%。

(4)实训报告:20%。

整周实训三　机械制造工艺实训

一、实训目的

机械制造工艺实训是在完成《机械制造技术》等理论课程教学和《车工技能实训》等技能操作课程教学的基础上进行的综合专业技能实训。这次实训是对学生未来从事机械制造技术工作的一次基本应用能力的全面训练,通过实训培养学生分析简单零件的工艺问题、制定零件机械加工工艺规程的能力,以及合理选择加工设备的能力。同时要求学会使用机械设计的有关手册和数据库。

二、实训任务

(1)绘制产品零件图,了解零件结构特点和技术要求。培养典型机械零件绘图设计能力,要求能熟练应用机械 CAD 软件设计典型机械零件图。

(2)根据生产类型和所拟企业的生产条件,对零件进行结构分析和工艺分析,提出确保产品质量的初步工艺方案。培养对零件加工分析的能力,要求能根据零件结构特点和加工要求,提出确保产品质量的初步定位方案和加工方案。

(3)确定毛坯种类及制造方法,绘制零件毛坯图。培养选择、制造毛坯的能力,要求能正确选择毛坯,并掌握绘制零件毛坯的方法。

(4)拟定合理的零件定位方案和加工方案,制定零件的机械加工工艺过程。培养零件机械加工工艺分析制定能力,能根据加工要求制定合理、可行、经济、高效的加工方案,且能选择能保证加工质量的设备、刀具、夹具。

(5)根据各加工工序的加工设备和工艺装备(刀具、夹具、量具等),确定各工序的加工余量和切削用量,计算工序尺寸。培养查阅各种技术资料的能力,学会使用手册、图表及数据库资料,掌握与本设计有关的各种资料的名称、出处,并熟练运用;

(6)填写零件的机械加工工艺过程卡片和工序卡片。培养编制机械加工工艺规程的能力,要求能编制典型零件的机械加工工艺过程卡片和工序卡片。

(7)撰写工艺说明书。培养学生科学分析、周密思考的学习习惯及严谨、细致、认真的工作作风。要求熟练应用办公软件(word)撰写设计论文。

三、实训预备知识

在进行工艺实训前,学生应认真复习"机械制图""计算机文化基础""机械 CAD""机械制造技术基础""车工技能实训"等课程知识,能熟练读图,熟练应用计算机辅助绘图和编辑排版文章,掌握工艺设计的基本知识。

四、实训设备使用操作安全注意事项

1. 实训设备

(1)专用 CAD 实训教室一间,建立电子教室,保证每人一机。

(2)安装好办公软件完整版、Auto CAD 软件及 Pro/E、UG 软件等。

2. 注意事项

(1)严格遵守实训室规章制度和计算机操作规程。

(2)严格按照学号对号入座,实训过程中严禁串座、换座,有机器故障要及时向老师汇报维修。机器故障无法处理的,由指导老师另外临时安排机位。

(3)实训过程不准私自调换位置。每次上交文件时自动生成前缀机位号不对应本人学号(位置)的,按作弊处理。

(4)严禁在学生机上连接网络,使用 U 盘、云盘等计算机存储介质。一经发现,按作弊处理。

五、实训的组织管理

(1)实训分组安排:全班共同设计一个任务,在 CAD 实训室内每人一台计算机。设计过程中同学之间可以互相讨论,但必须认真参与,按设计进度要求完成独立设计任务,不得拖延。图纸、工艺文件、设计说明书等所有设计资料和文件必须在实训室的计算机上完成。

(2)时间安排见表 2-3-1。

表 2-3-1　实训时间安排

教学时间		实训单项名称 (或任务名称)	具体内容(知识点)	学时数	备注
星期	节次				
一	1	零件分析和毛坯选择	设计准备	1	
	2		零件结构及工艺分析	1	
	3~4		毛坯选择及毛坯尺寸的计算	2	
二	5~6	绘制图纸	绘制零件图	6	
	1~4				
	5~6		绘制毛坯图	2	
三	1	制定工艺路线	制定定位方案	1	
	2~4		制定加工方案	3	
	5~6		制定工艺方案(2~3 个),比较、拟定工艺路线	4	
四	1~2				
	3~4	工艺规程设计	计算工序尺寸及公差	2	
	5~6		选择设备、工艺装备	2	
五	1~4		选择切削用量	4	
一	1~2	填写工艺文件	填写工艺过程卡	2	
	3~6		填写工序卡	10	
二	1~6				

教学时间		实训单项名称	具体内容(知识点)	学时数	备注
星期	节次	(或任务名称)			
三	1~6		整理设计资料,撰写设计说明书;从星期四第1节开始设计答辩	10	
四	1~4	1. 编写说明书	修改、补充、完善设计说明书;设计答辩	2	设计答辩穿插其中进行
	5~6	2. 设计答辩	编辑、排版说明书;设计答辩	2	
五	1~2		撰写设计总结和参考文献,装订打印;设计答辩	2	
	3~4				

说明:因答辩时是逐个进行,所以穿插在编写说明书时进行,不单独另占课时。

六、实训简介、实训步骤与注意事项

实训前,大家先在 D 盘建立一个文件夹用于存放资料,用"班级＋姓名"命名,如"机制23 张三"。再在文件夹下建一个子文件夹用于存放上交的资料,用"学号－姓名"命名,如"05－张三"。

实训子项目一　零件分析

1. 实训简介

零件分析主要包括:分析零件的几何形状、加工精度、技术要求,工艺特点,同时对零件的工艺性进行研究。

2. 实训步骤

(1)读零件图

了解零件的性能、用途、几何形状、结构特点以及技术要求。如有装配图,了解零件在所装配产品中的作用。

零件由多个表面构成,既有基本表面,如平面、圆柱面、圆锥面及球面,又有特形表面,如螺旋面、双曲面等。不同的表面对应不同的加工方法,并且各个表面的精度、粗糙度不同,对加工方法的要求也不同。

(2)确定加工表面

分析零件图上各项技术要求制定依据,找出零件的加工表面及其精度、粗糙度要求。

(3)确定主要表面

按照组成零件各表面所起的作用,确定起主要作用的表面。通常主要表面的精度和粗糙度要求都比较严,在设计工艺规程是应首先保证。零件分析时,着重抓住主要加工面的尺寸、形状精度、表面粗糙度以及主要表面的相互位置精度要求,做到心中有数。

(4)热处理要求及其他要求

根据零件的技术要求,选择合理的热处理方式,满足零件的加工和性能要求。

3. 注意事项

(1)分析零件时要结合零件的结构特点,抓住主要问题。

（2）选择加工方法和方案时要结合零件结构特点和加工要求，既要同时满足精度和粗糙度及其他技术条件的要求，又要尽可能减少加工量，达到容易制造的目的。

（3）零件主要表面的加工质量对零件工作的可靠性和寿命有很大影响，因此，在分析时，首先要考虑如何保证主要表面的加工要求。

（4）选择零件加工方法和加工方案时，应充分考虑零件材料和力学性能的影响。

实训子项目二　毛坯选择

1. 实训简介

毛坯选择主要包括：选择毛坯的类型，确定各加工表面的总余量、毛坯的尺寸及公差，确定毛坯的热处理方式。

2. 实训步骤

（1）选择毛坯。

毛坯的种类有：铸件、锻件、型材、焊接件及冲压件。确定毛坯种类和制造方法时，在考虑零件的结构形状、性能、材料的同时，结合零件的复杂程度、加工表面及非加工表面的技术要求等几方面综合考虑，并考虑与规定的生产类型（批量）相适应。正确地选择毛坯的制造方式，可以使整个工艺过程更加经济合理，故应慎重对待。

（2）确定毛坯余量。

查毛坯余量表，确定各加工表面的总余量、毛坯的尺寸及公差。

余量修正。将查得的毛坯总余量与零件分析中得到的加工总余量对比，若毛坯总余量比加工总余量小，则需调整毛坯余量，以保证有足够的加工余量；若毛坯总余量比加工总余量大，应考虑增加走刀次数，或是减小毛坯总余量。将最后的毛坯总余量加上零件尺寸得到毛坯尺寸。毛坯尺寸尽量不带小数点，对计算所得带有小数点的毛坯尺寸进行圆整。

铸件各加工表面总余量、尺寸及公差的查询、计算结果可参照表 2-3-2 处理。

表 2-3-2　铸件毛坯尺寸计算表

零件尺寸	尺寸公差等级	毛坯公差	加工余量等级	加工余量	毛坯尺寸及偏差	圆整尺寸

锻件各加工表面总余量、尺寸及公差的查询计算结果可参照表 2-3-3 处理。

表 2-3-3　锻件毛坯尺寸计算表

零件尺寸	粗糙度	毛坯公差	加工余量范围	加工余量	毛坯尺寸及偏差	圆整尺寸

毛坯选择型材的，则结合加工总余量，选择标准规格的型材即可。

（3）毛坯的热处理

热加工生产的毛坯，为了降低热加工后的内应力，改善切削性能，一般都在加工前对毛坯进行热处理。一般铸件在加工前都要进行退火或时效处理，锻件在加工前都要进行正火处理，型材在出厂前已经进行过适当的热处理，在加工前一般不再进行热处理。

3. 注意事项

(1)选择合理毛坯的形状和尺寸,是为了尽可能地减少加工余量,但不是一味地追求毛坯形状与零件相近,还要考虑毛坯模具的制造可行性和寿命。对于扁薄截面或相邻部位截面变化较大的部分,应当适当增加局部余量。

(2)对于零件的非加工表面,选择的毛坯制造方法应能满足零件的要求。

(3)对于零件上尺寸较小的孔和槽,台阶等,一般在后续的机械加工中加工出来,不必在毛坯中预留。

(4)毛坯的选择和热处理的确定,要重点陈述选择的理由,不能只有结果。

(5)查阅技术资料的数据,要说明出处。

实训子项目三　绘制图纸

1. 实训简介

绘制图纸主要包括:用 CAD 软件抄画零件图,绘制零件毛坯图。

2. 实训步骤

(1)抄画零件图。

抄画零件图的过程也是认识和分析零件的过程。零件图应按照机械制图国家标准精心绘制,图纸比例 1:1。

用 CAD 软件绘制零件图,图样线型、图层、颜色要符合机械制图国家标准。根据零件图范围的大小选用适当的图幅,在布局插入相应图幅的图框块,并把零件图导入布局内,最后从布局用 pdf 格式输出打印。图框块由教师发送的图框样式设置而成。

零件图和毛坯图的标题栏如图 2-3-1 所示。

								零件名称
					材料			
标记	处数	更改文件号	签名	日期				零件图号
设计		标准化			阶段标记	重量	比例	
学号								单位名称
审核								
工艺		批准			共　张	第　张		

图 2-3-1　零件图和毛坯图标题栏

其中,材料和零件名称来自任务书。

零件图号(八位数):2016+班级+学号。如 23 班 1 号同学的零件图号是 20162301。

毛坯图号在零件图号后加(毛坯)。如 23 班 1 号同学的毛坯图号是 20162301(毛坯)。

(2)绘制零件毛坯图。

先用双点划线画出经简化了次要细节的零件图的主要视图,将已确定的加工余量叠加在各相应被加工表面上,即得到毛坯轮廓。用粗实线画出毛坯形状,比例表示 1:1。

根据计算圆整后的毛坯尺寸标注毛坯主要尺寸及公差,并在尺寸线下标注对应的零件尺寸,用括号把零件的名义尺寸括起来。

标明毛坯的技术要求,如毛坯精度、热处理及硬度、圆角半径和拔模斜度等,以及毛坯制造的分模面。

毛坯图和一般零件图一样,为表达清楚某些内部结构,可画出必要的剖视、剖面。对于由实体上加工出来的槽和孔,可不必这样表达。毛坯图图样绘制如图 2-3-2 所示。

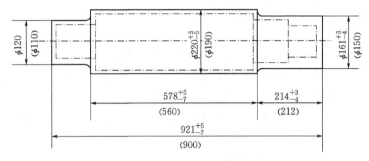

图 2-3-2　毛坯图图样

3. 注意事项

(1)零件图和毛坯图可以可以绘制在同一个 CAD 文件内,但必须要用不同的布局输出打印。

(2)零件图和毛坯图用 pdf 输出时,如文件页幅大于 A4,可以把页幅缩小用 A4 纸打印。

实训子项目四　制定工艺方案

1. 实训简介

制定工艺路线主要包括:选择定位基准,拟定加工方案,拟定工艺路线方案及比较,制定工艺路线。

2. 实训步骤

(1)选择定位基准

正确地选择定位基准是设计工艺过程的一项重要内容,也是保证零件加工精度的关键。

定位基准分为精基准、粗基准及辅助基准。在最初加工工序中,只能用毛坯上未经加工的表面作为定位基准(粗基准)。在后续工序中,则使用已加工表面作为定位基准(精基准)。为了使工件便于装夹和易于获得所需加工精度,可在工件上某部位作一辅助基准,用以定位。

选择定位基准时,既要考虑零件的整个加工工艺过程,又要考虑零件的特征、设计基准及加工方法,根据粗、精基准的选择原则,合理选定零件加工过程中的定位基准。

通常在制定工艺规程时,选择定位粗、精基准的顺序是先选择最终完成工件主要表面加工和保证技术要求所需的定位精基准,以保证零件的加工要求。接着考虑为了可靠地加工出上述精基准,是否需要选择一些表面作为中间定位精基准,然后再结合选用粗基准所应解决的问题,遵循粗基准的选择原则来选择合适的最初工序的粗基准把精基准面加工出来。

(2)拟定加工方案

确定加工方案,划分加工阶段。各加工表面的加工方案以零件加工表面的技术条件为依据,根据零件的加工表面及其精度、粗糙度要求,结合结构形状和尺寸,工件材料,毛坯类型和生产类型来确定。一般是根据表面的技术条件先确定最终加工方法,然后再确定一系列准备工序的加工方法。

不同加工方法获得的加工精度是不同的,即使同一种加工方法,由于加工条件不同,所能达到的加工精度也是不同的,所以要注意加工方法对加工质量的影响。

(3)选择加工设备

根据确定的加工方案和零件加工精度、轮廓尺寸和批量等因素,合理确定机床种类及规格。设计时,应初步确定所选设备的类型及型号,记录相关技术参数,明确设备的加工尺寸范围,为后面的工艺规程设计和填写工艺卡片做准备。

选择加工设备时,应充分利用设备的功能,采用相同加工方法的加工表面尽可能选用统一设备。

最后将各加工表面的加工方案按表 2-3-4 格式归纳整理。

表 2-3-4　零件表面加工方案

加工表面	尺寸精度等级	表面粗糙度	加工方案	设备

(4)制订加工工艺路线

在各表面加工方法选定以后,就需进一步考虑如何划分加工阶段,这些加工方法在工艺路线中的大致顺序,以定位基准面的加工为主线,妥善安排热处理工序及其他辅助工序。

加工阶段划分的选择,主要表面粗、精加工阶段要划分开,通常是以主要表面的加工方案为划分依据。

通常机加工顺序安排的原则可概括为十六个字:先粗后精、先主后次、先面后孔、基面先行。按照这个原则安排加工顺序时可以考虑先主后次,将零件主要表面的加工次序作为工艺路线的主干进行排序,即零件的主要表面先粗加工,再半精加工,最后精加工。如果还有光整加工,可以放在工艺路线的末尾。次要表面穿插在主要表面加工顺序之间。多个次要表面排序时,按照和主要表面位置关系确定先后。平面加工安排在孔加工前。最前面的是粗基准面的加工,最后面工序的可安排清洗、去毛刺及最终检验。

对热处理工序、检验等辅助工序,以及一些次要工序等,在工艺方案中安排适当的位置,防止遗漏。热处理工序应分段穿插进行,位置相对固定,检验工序和次要工序则按需要安排。

对于工序集中与分散,根据工序集中或分散的原则,合理地将表面的加工组合成工序,以利于保证精度和提高生产率。如果主要表面和次要表面相互位置精度要求不高时,主要表面的加工尽量采取工序分散的原则,这样有利于保证主要表面的加工质量。

根据前面已经考虑和确定了的问题(如定位基准,各表面加工方案,加工阶段的划分,工序集中和分散,热处理方式,辅助工序的安排等),初步拟定 2~3 个较为完整、合理的加工工艺路线方案。

工艺路线方案按表 2-3-5 格式归纳整理。

表 2-3-5　××零件加工工艺路线方案(一)

工序号	工序名称	工序内容	设备

(5)工艺方案和内容的论证

根据设计零件的不同的特点,可有选择地进行以下几方面的工艺论证。

①对比较复杂的零件,可考虑两个甚至更多的工艺方案进行分析比较,择优而定,并在说明书中论证其合理性。(注意对比工艺方案的可行性、工艺成本、生产效率)。

②当零件的主要技术要求是通过两个甚至更多个工序综合加以保证时,应对有关工序进行分析,并用工艺尺寸链方法加以计算,从而有根据地确定该主要技术要求得以保证。

③对于影响零件主要技术要求且误差因素较复杂的重要工序,需要分析论证如何保证该工序技术要求,从而明确提出对定位精度、夹具设计精度、工艺调整精度、机床和加工方法精度甚至刀具精度(若有影响)等方面的要求。

最后对前面论述的工艺路线方案和进行比较论证后,确定最优的工艺路线。

3. 注意事项

(1)定位基准的选择不能只考虑本工序,而应从零件加工的整个工艺过程出发。先行工序为后续工序创造条件,让每道工序都能有合适的定位基准。

(2)该项目是整个设计的重点、灵魂,因此在论述确定定位基准、工艺路线的论点时,不能脱离实际空谈理论,不能只有结果没有论据和论述过程。论据的引用要注明出处。

(3)对比选择工艺方案时,应重点从工艺方案的可行性、工艺成本、生产效率等几个方面对各方案进行技术经济分析。如不同方案的粗精分开,加工阶段是否合理,是否有利于保证零件加工质量;加工过程的装夹是否会使零件变形,是否会夹伤零件表面;热处理的安排能否改善加工条件、消除应力、稳定尺寸;采用的工艺设备是否有利于减少损耗,提高生产效率等。

(4)工艺路线方案经过论证确定后,后续的工艺规程设计和工艺文件的填写必须按工艺路线进行,不能再作变更。

实训子项目五　工艺规程设计

1. 实训简介

工艺规程设计主要包括:选择确定加工余量,确定工序尺寸及公差,选择工艺装备(刀具)和切削用量。

2. 实训步骤

(1)确定加工余量

毛坯总余量在毛坯选择的设计阶段已经确定,这里主要是确定工序余量。合理选择加工余量对零件的加工质量和整个工艺过程的经济性都有很大影响。工序余量一般可用计算法、查表法、经验估算法来确定。本设计用查表法按照工艺方案的安排,一道道工序,一个个表面地查实确定,必要时可根据使用时的条件对手册中查出的数据进行修订。

因粗加工工序(工步)余量应由总余量减去精加工、半精加工余量之和而得出。若某一表面仅需一次粗加工即成活,则该表面的粗加工余量就等于已确定出的毛坯总余量。

(2)确定工序尺寸及公差

计算工序尺寸和标注公差是制定工艺规程的主要工作之一。对简单加工的情况,工序尺寸可由后续加工的工序尺寸加(减)名义工序余量简单求得,工序公差可按加工经济精度通过查 GB/T 1800.1—2009《产品几何技术规范(GPS)极限与配合 第 1 部分:公差、偏差》确定,在按"入体原则"标注在相应的工序尺寸上。对于零件图没有公差或者精度要求的尺寸,则不要求确定工序公差。对加工时有基准转换的较复杂的情况,需用工艺尺寸链来求算工序尺寸及公差。

加工余量、工序尺寸及公差按表 2-3-6 格式归纳整理。

表 2-3-6 ××零件的加工表面加工余量、工序尺寸和公差

加工表面	工序名称	工序余量	精度等级及公差	工序基本尺寸	工序尺寸及偏差

(3)选择设备和加工刀具

针对零件的结构形状特点和尺寸,分析应选用的设备类型及主要加工参数。选择相应的机床型号,描述其主要设备参数,分析其主要设备参数与本道工序加工内容的匹配性,说明选择该设备的理由。各道工序的加工内容和设备确定以后,根据工序加工表面的结构特点,分别选择每道工序加工所用的刀具。

各道工序所选的加工刀具按表 2-3-7 格式归纳整理。

表 2-3-7 ××工序的刀具明细表

序号	加工表面	刀具类型	刀具规格	刀具材料

(4)选择切削用量

本部分内容主要针对机加工工序,非机加工工序不用计算。主要内容是在机床刀具,加工余量确定的基础上,要求用公式计算和查表相结合的办法确定每道工序、每个工步的切削用量(背吃刀量 a_p、进给量 f、切削速度 v_c)。

切削用量选择的顺序是:背吃刀量 a_p →进给量 f →切削速度 v_c →校验机床功率(选作)。

①背吃刀量 a_p

背吃刀量 a_p 的选择应该根据加工质量和加工余量确定。粗加工时,除留下后续精加工的余量外,应尽可能一次走刀切除全部加工余量;半精加工和精加工,应根据加工精度的要求,查表确定其加工余量。一般背吃刀量 a_p 越小,可获得较小的表面粗糙度值及较高的加工精度。

②进给量 f

背吃刀量 a_p 确定以后,应进一步尽量选择较大的进给量 f。粗加工时,限制进给量的是切削力;半精加工和精加工时,限制进给量的是零件加工精度和粗糙度。进给量 f 可用查表法或访问数据库方法初步确定,再参照对应工序所选设备的实际走刀量挡位最后。

③切削速度 v_c

当 a_p 和 f 确定后,应当在此基础上选用最大的切削速度 v_c。此速度主要受刀具使用寿命的限制,一般可查表确定切削速度 v_c 范围。确定切削速度 v_c 后,通过公式 $v_c = n\pi d/1000$,换算成转速 n,再参照对应工序所选设备的实际转速挡位确定 $n_实$,最后算出实际切削速度 $v_{c实}$。

④校验机床功率(选作)

各道工序确定的切削参数按表 2-3-8 格式归纳整理。

表 2-3-8　××工序的切削用量计算表

序号	加工表面	工序余量(mm)	a_p (mm)	f (mm/r)	v_c (m/min)	n (r/min)	$\bar{n}$ (r/min)	$n_实$ (r/min)

3. 注意事项

(1)轴向尺寸工序余量一般用经验估算法,计算时只用计算总长的工序尺寸。

(2)陈述设备、刀具和切削余量的内容时,工序名称与已经制定的工艺路线的工序号及工序名称一致。如工序 10:粗车。

(3)设计时要随时逐项记录计算结果和资料来源,为后续编写工艺设计说明书做准备。

实训子项目六　填写工艺文件

1. 实训简介

填写工艺文件主要包括:填写机械加工工艺过程卡和机械加工工序卡。

2. 实训步骤

(1)填写机械加工工艺过程卡

机械加工工艺过程卡的格式参见附件 3。产品型号、产品名称不填,零(部)件图号、零(部)件名称、材料牌号的内容来自零件图。毛坯的内容已经在前面论述确定。工序号、工序名称、工序内容、设备、工艺装备的内容在"实训子项目四　制定工艺方案"中论述确定,把最后论证的结果按格式要求填写在卡内的表格中。

(2)填写机械加工工序卡

机械加工工序卡的格式参见附件 4。产品型号、产品名称不填,零(部)件图号、零(部)件名称、材料牌号的内容来自零件图。每道工序的工序号、工序名称、设备型号、设备名称的内容参看机械加工工艺过程卡。每道工序的工步、工步内容、工艺装备和切削参数已经在"实

训子项目四 制定工艺方案""实训子项目五 工艺规程设计"中确定。

工艺路线中的毛坯准备、热处理、检验等非加工工序必须有独立的工序卡,画工序简图处写工序内容(如锻造、铸造、调质处理、淬火、检验)。

机械加工工序的工序卡除了上面内容所述的有关选择、确定及计算的结果之外,还要在工序卡上绘制工序简图。

工序简图可缩小画出,比例不作严格要求。如零件复杂不能在工序卡片中表示时,可用另页单独绘出。工序简图尽量选用一个视图,图中工件处在加工位置、夹紧且加工后的状态,用粗实线画出工件本道工序的加工表面,细实线画出工件的其他主要特征轮廓,标注本工序工序尺寸。

3. 注意事项

(1)每页工艺卡片内容必须完整(有页眉、页脚),如工艺路线太长,一页工艺过程卡填不完,必须另起一页填写。工序卡的工步内容填不完,可另加附页。

(2)工艺过程卡和工序卡是不同类型的工艺文件,两类文件的页码不能连续编码,必须独立编码。

(3)设计者在每页工艺文件的"编制"项中手写签名。

(4)工艺规程的格式与填写方法以及所用的术语、符号、代号等应符合相应标准、规定,工艺规程的内容的填写应正确、完整、清晰,与论文前面的论述结果一致。

实训子项目七 编写工艺设计说明书

1. 实训简介

工艺设计说明书是总结性文件。通过编写说明书,进一步培养学生分析、总结和表达的能力,巩固、深化在设计过程中所获得的知识,是设计工作的一个重要组成部分。

说明书应概括地介绍设计全过程,对设计中各部分内容应作重点说明、分析论证及必要的计算。要求系统性好,条理清楚,图文并茂,充分表达自己独特的见解,力求避免抄书。

学生从设计一开始就应随时逐项记录设计内容、计算结果、分析意见,以及教师的合理意见、自己的见解与结论等。每一设计阶段后,可随即整理、编写有关部分的说明书,待全部设计结束后,只要稍加整理,便可装订成册。说明书包括的内容有:封面、目录、任务书、正文、零件图和毛坯图、机械加工工艺规程卡片、参考文献、设计总结。

2. 实训步骤

(1)封面

封面应独立成页,采用学院统一规范的格式(见附件1),按要求填写。设计题目为"★★零件的机械加工工艺规程设计",学号用两位数。

(2)目录

目录应独立成页,包括论文中全部章、节或主要级次的标题和所在页码。

(3)任务书

打印本次工艺实训的任务书。

(4)正文

正文必须使用标准 A4 打印纸纵向排版,一律左侧装订。页面上、下边距各 2.5 cm,左右边距各 2.2 cm。

正文必须从正面开始,从第 1 页开始编页码。页码在页末居中打印(如正文第 5 页格式为"— 5 —")。

论文标题为标准三号黑体字,居中,单倍行间距。

论文一级子标题为标准四号黑体字,左起空两个字打印,单倍行间距。

正文一律使用标准小四号宋体字,段落开头空两个字,行间距为固定值 18 磅。

正文中的公式原则上居中。如公式前有文字(如:"解""假定"等),文字应与正文左侧对齐,公式仍居中,公式末尾不加标点。公式序号按章编排,如第二章的第三个公式序号为"(2—3)",附录 2 中的第三个公式序号为"(②—3)"等。

正文中的插图应与文字紧密配合,文图相符,内容正确,绘制规范。插图按章编号并置于插图的正下方,插图不命名,如第二章的第三个插图序号为"图 2—3",插图序号使用小四号宋体字。

正文中的插表按章编号并置于插表的左上方,插表不命名,如第二章的第三个插表序号为"表 2—3",插表序号使用小四号宋体字。

论文正文排版格式参照附件 2。

(5)零件图和毛坯图

用 A3 或 A4 纸打印,独立成页。

(6)机械加工工艺规程卡片

机械加工工艺规程卡片独立成页。使用标准 A4 打印纸横向排版,一律上侧装订。页面上、下、左、右边距各 2 cm。

(7)参考文献

参考文献独立成页,按照 GB/T 7714—2015《信息与文献　参考文献著录规则》规定的格式打印,内容打印要求与论文正文相同。参考文献从页首开始。

(8)打印装订

说明书使用标准 A4 打印纸打印,一律左侧装订(对应工艺规程卡片的上侧)。按封面、目录、任务书、正文、零件图和毛坯图、机械加工工艺规程卡片、参考文献、设计总结的顺序装订。

3. 注意事项

(1)说明书要求字迹工整,语言简练,文字通顺,前后一致,逻辑性强。文中应附有必要的简图和表格,图例应清晰。计算应有必要的计算过程。

(2)所引用的公式、数据应注明来源,文内公式、图表、数据的出处,应以"[ ]"注明参考文献的序号。

(3)说明书由学生自行打印,装订成册。

七、考核标准

1. 实训交付成果

(1)工艺设计说明书(3 000~5 000 字)　　　　　1 份

(2)产品零件图　　　　　　　　　　　　　　　1 张

(3)产品毛坯图　　　　　　　　　　　　　　　1 张

（4）机械加工工艺过程卡　　　　　　　　　　1 套

（5）机械加工工序卡　　　　　　　　　　　　1 套

（以上成果一律要上交电子版和纸质版，缺一不可！）

2. 考核内容和考核方式

实训考核内容有工艺文件、图纸和说明书的质量、设计答辩。学生在完成实训规定的设计任务、图样和说明书初稿且经指导老师审阅后，在规定的时间内进行答辩。答辩顺序抽签决定，未经指导老师审阅的设计不能参加答辩。答辩时先由设计者本人应对自己的设计进行 2~3 分钟的陈述和解说，然后回答指导老师针对零件设计方案和内容随机提问的 2~3 个问题。每个学生的答辩总时间一般为 5~8 分钟。

最后根据工艺文件、图纸和说明书的质量和答辩状况以及平时工作态度、独立工作能力等诸方面的表现来综合评定成绩。

（1）平时表现：10％

平时表现考核标准和评分细则（10 制）见表 2-3-9。

表 2-3-9　平时表现评分细则

考核内容	考核标准	评分标准	考试形式
平时表现 （10 分）	1. 按时上下课，不迟到、不早退、不旷课。 2. 学习、工作态度端正，独立完成实训设计，同学之间能团结协助。 3. 遵守实验室的规定及操作规程，无损实训设备的现象	1. 迟到、早退、请假扣 1 分/次，旷课扣 2 分/节。 2. 态度行为不端正，工作消极、怠工，依赖性强的，依情节轻重扣 5~10 分。 3. 旷课 1/3 课时以上，不服从实训管理和实训任务安排，违反操作规程而损坏实训设备者无成绩	考勤 工作表现

（2）设计成绩：90％

设计考核标准和评分细则（100 制）见表 2-3-10。

表 2-3-10　设计内容评分标准（四分制）

序号	考核内容	考核标准	评分标准	考试形式
1	图纸质量 （15 分）	1. 图纸使用 Auto CAD 绘制、打印。 2. 图纸清晰，图线、标注规范、正确。 3. 图框选用正确，填写完整、规范	1. 零件图，10 分。视图表达正确、完整，图样清晰、规范，6 分；标注规范、完整，4 分。错、漏扣 0.5 分/处。 2. 毛坯图，5 分。视图表达正确、完整，图样清晰、规范，3 分；标注规范、完整，2 分。错、漏扣 0.5 分/处。 3. 不按要求绘制不得分。不使用布局编辑和 pdf 格式打印输出扣 1 分/图。 4. 图框使用图块插入，填写正确、完整，规范，2 分。错、漏扣 0.5 分/处	零件图 毛坯图

续上表

序号	考核内容	考核标准	评分标准	考试形式
2	设计说明书（49分）	1. 零件分析（4分）：能理论结合实际，分析要有层次，有深度，表达清楚，方案可行。 2. 毛坯选择（4分）：选择正确，论据充分，计算正确。 3. 定位基准的选择（2分）：粗精基准选择合理，论据充分，能保证零件的加工要求。 4. 加工方案（8分）：加工方案表达清楚、顺序安排合理、经济可行。 5. 制定工艺路线方案（8分）：制定2~3个方案，方案表达清楚、设计合理、经济可行。 6. 确定工序尺寸及公差（8分）：计算正确。 7. 工艺装备的选择（4分）：设备、刀具选择正确，有依据。 8. 切削参数的选择（6分）：选择正确，计算正确，经济可行。 9. 设计总结（3分）：总结内容全面，有一定深度。 10. 排版打印（2分）：资料齐全、编辑排版及装订符合规范	1. 零件功用及分析、热处理分析，各1分，工艺分析，2分。 2. 毛坯选择，1分；计算，3分。计算部分每个表面，1分，超过3个表面的，以主要表面为准。 3. 粗精基准，各1分。 4. 每个加工表面，2分。其中加工方案，1分；设备，0.5分；其他，0.5分。 5. 工艺路线方案，5分，方案比较，3分。只有1个方案给3分。 6. 每个尺寸，2分，以主要表面为准。计算错、漏扣0.5分/处。 7. 每道工序，1分。错、漏扣0.5分/处。 8. 每个要素，2分。抽查1~2道工序的切削参数设计和计算。 9. 设计、计算结果，0.5分。设计、计算依据引用不当，设计、计算过程错误，错、漏扣0.5分/处。 10. 设计总结实训后在学习、知识、能力等方面的收获及心得体会，2分。指出不足之处及改进提高的措施，1分。 11. 排版打印不符合规范不给分。错、漏扣0.5分/项	说明书
3	工艺文件（26分）	1. 设计合理，内容填写符合要求，表达清楚。 2. 与说明书论述的内容、结论及计算结果一致。 3. 工艺简图清晰，图线、标注规范、正确	1. 工艺过程卡，4分。其中工序内容，2分；设备，1分；其他，1分，错、漏扣0.5分/处。 2. 工序卡，22分。其中工序简图，5分/页；工步内容，2分/页；工艺参数，1分；其他，1分。错、漏扣0.5分/处。 3. 抽查2道加工工序的工序卡，其他工序卡漏一张扣1分。错一处扣0.5分，扣满1分为止	工艺文件
4	答辩（10分）	1. 思路清晰，陈述清楚，回答正确。 2. 答辩时间不超过8 min。自述3 min，回答问题2 min/个	1. 陈述设计思路和工艺路线，5分；回答问题，5分。每个问题，2.5分。 2. 回答不正确不给分，错、漏扣0.5分/处。 3. 超时扣1分/2min，扣满3分为止	答辩

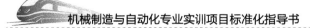

综合计算平时成绩和设计成绩后,得出本次实训的实际得分,并转换为优、良、中、及格、不及格五个等级。90~100 分为优,80~89 分为良,70~79 分为中,60~69 分为及格,59 分及以下为不及格。

八、实训报告

打印本次实训的设计说明书,按装订要求装订上交存档留存,不另做实训报告要求。

九、附件

附件 1:说明书封面
附件 2:正文提纲
附件 3:《机械加工工艺过程卡》样式
附件 4:《机械加工工序卡》样式

附件 1

成绩	

机械加工工艺设计说明书

设计题目 _____

系　　别 _____

专业班级 _____

学　　号 _____

姓　　名 _____

指导教师 _____

设计时间:201　年　月　日～201　年　月　日

附件 2

正文提纲

一、零件分析

1. 零件功用

结合本零件在产品上的主要作用和装配要求,对产品的影响来说明零件的功能和用途。

2. 零件工艺分析

零件工艺分析主要包括:分析零件的几何形状、加工精度、技术要求、工艺特点,同时对零件的工艺性进行研究。

3. 热处理分析

根据零件的热处理要求或性能要求,分析在加工过程中采取何种热处理方式可达到零件要求。

二、确定生产类型和毛坯

1. 确定生产类型

根据任务书给出的生产纲领,确定零件的生产类型。

2. 选择毛坯种类

毛坯的种类有:铸件、锻件、型材、焊接件及冲压件。确定毛坯种类和制造方法时,在考虑零件的结构形状、性能、材料的同时,应考虑与规定的生产类型(批量)相适应。

结合零件的结构形状和性能特点,材质和生产类型,分析确定零件的毛坯类型。

3. 确定毛坯余量

查毛坯余量表,确定各加工表面的总余量、毛坯的尺寸及公差。

根据查表结果计算毛坯尺寸,并进行尺寸修正。将查得的毛坯总余量加到零件尺寸得到毛坯尺寸。毛坯尺寸尽量不带小数点,对计算所得带有小数点的毛坯尺寸进行圆整。填表 2-3-2 或表 2-3-3。

4. 毛坯热处理

根据采用的毛坯类型及其制造方法,分析毛坯采用的热处理方式及其原因。

三、制定工艺路线

1. 定位基准选择

(1)精基准的选择

结合精基准的选择原则和零件加工要求,合理选择精基准。

(2)粗基准的选择

结合粗基准的选择原则和零件加工要求,合理选择粗基准。

2. 加工方案拟定

列出零件的加工表面,确定其加工方案和加工设备,填写表 2-3-4。

3. 加工顺序的安排

为了适应零件上不同表面刚度和精度的不同要求,将工艺过程划分成不同阶段,以逐步保证加工达到零件要求。

根据零件各表面的加工方案和加工顺序安排的原则,合理地将各个加工表面的加工组合成工序,以保证精度和提高生产率。

正确安排热处理工序和辅助工序,以保证零件获得规定的力学性能,同时改善零件的可加工性和减小变形对精度的影响。另外,在热处理前和加工完成后安排去毛刺、去磁、探伤,在重要工序和加工完成后安排零件检验等辅助工序。

4. 制定加工工艺路线

(1)拟定加工方案

根据 2、3 的分析结果,拟定零件的 2～3 种加工工艺路线方案。填写表 2-3-5。

(2)确定加工路线

比较以上方案的优缺点,取长补短,确定最终的零件加工工艺路线。

四、工艺规程设计

1. 工序尺寸的计算

查阅各个零件尺寸的工序余量和公差,把计算结果填入表 2-3-6。

2. 加工工序的设计

本部分内容主要针对机加工工序,非机加工工序不用计算。工序号及工序名称与已经制定的工艺路线的工序号及工序名称一致。如工序 10:粗车。

工序 10:粗车

①工序加工内容。

②选择机床、刀具。

a. 机床

针对零件的结构形状特点和尺寸,分析应选用的设备类型及主要加工参数。

选择相应的机床型号,描述其主要设备参数,分析其主要设备参数与本道工序加工内容的匹配性,说明选择该设备的理由。

b. 刀具

类型:根据本道工序加工内容的表面结构特点,合理选择本道工序所使用的刀具。

材料:根据零件的材料和加工方式,合理选择本道工序所使用的刀具材料。

将选择结果填入表 2-3-7。

③选择切削用量

a. 背吃刀量 a_p

根据零件的加工要求,查表确定本道工序的背吃刀量 a_p。

b. 进给量 f

根据零件的加工要求,查表确定本道工序的进给量 f。

c. 切削速度 v_c

根据零件的加工要求,查表确定本道工序的切削速度 v_c 范围。

将各道工序确定的切削参数及计算结果填写表 2-3-8。

附件 3

机械加工工艺过程卡		产品型号		零(部)件图号		共 页
		产品名称		零(部)件名称		第 页

材料牌号		毛坯种类		毛坯外形尺寸		每毛坯可制件数		每台件数		备注	

工序号	工序名称	工序内容		车间	工段	设备	工艺装备	工 时	
								准终	单件

			编制(日期)	审核(日期)	标准化(日期)	会签(日期)

标记	处数	更改文件号	签字	日期	标记	处数	更改文件号	签字	日期

附件 4

机械加工工序卡片		产品型号		零(部)件图号		共　　页
		产品名称		零(部)件名称		第　　页

	车间	工序号	工序名称	材料牌号
	每台件数			
	毛坯种类	毛坯外形尺寸		每坯件数
	设备名称	设备型号	设备编号	
	夹具编号		夹具名称	
	同时加工件数	冷却液		

上工序			下工序	

工步	工步内容	工艺装备	主轴转速 (r/min)	切削速度 (m/min)	进给量 (mm/r)	吃刀深度 (mm)	工序工时	
							准终	单件
							走刀次数	

				编制(日期)	校对(日期)	审核(日期)	会签(日期)

标记	处数	更改文件号	签字	日期	标记	处数	更改文件号	签字	日期

整周实训四　机械CAD/CAM技术应用

一、实训目的

"机械CAD/CAM技术应用"实训是专业核心课"机械CAD/CAM技术应用"的后续巩固训练及自动编程加工训练模块。

通过本课程整周实训,使学生进一步巩固掌握三维机械工程设计建模技能,并初步掌握自动编程加工的基本方法,具备利用三维CAD/CAM软件进行一般机械设计和进行加工后处理实现自动编程的能力,并通过实训训练培养高职学生严密灵活的逻辑思维能力,培养踏实认真、严谨细致、求真务实的学习和工作作风,为毕业后的相关实习与工作打下必要的职业技能基础。

二、实训任务

实训子项目一、轴套类零件建模:

通过轴套类零件建模,掌握创建一般轴类零件的基本特征命令,如"拉伸""旋转""布尔运算倒角""创建键槽"等特征的运用,并理解掌握此类零件的建模方法。

实训子项目二、端盖轮盘类零件建模:

通过端盖类零件建模,主要掌握拉伸创建垫块特征、阵列特征、镜像特征、螺纹特征等的方法技巧,并理解掌握端盖轮盘类零件的一般建模方法。

实训子项目三、箱体叉架类零件建模:

通过箱体叉架类零件建模,主要掌握圆锥特征、抽壳特征、矩形型腔特征及阵列特征等命令的应用,并理解掌握箱体叉架类零件的一般建模方法。

实训子项目四、机构综合设计(选作):

通过机构综合设计,进一步巩固掌握"切割""拉伸"与"阵列"等基本建模特征命令的综合运用方法,并进一步加强装配技能的训练,通过该项目训练理解掌握常见典型机构的建模设计及装配方法。

实训子项目五、底座板平面加工:

通过该项目训练掌握运用NX进行铣加工的毛坯设置、基本参数设置方法,掌握平面体零件常用粗、精平面铣,粗精轮廓铣,平面区域铣等常用加工方法的参数设置及运用。

实训子项目六、钻模板的铣削加工:

通过钻模板的铣削加工项目训练进一步熟悉运用NX进行加工毛坯设置、基本工艺参数设置方法,掌握机械零件加工常用平面铣、标准钻、铰孔等常用加工方法及刀轨的选择使用和参数设置方法,理解掌握相关后置处理方法以及模拟加工。

三、实训预备知识

实训前,学生应具备机械制图的基本识图能力,掌握机械设计国家标准的一般规范,具有较为熟练地运用建模工具命令进行典型机械零件三维建模造型的基本能力。

四、实训设备操作安全注意事项

认真执行机房管理规定,严格遵守操作规程,不做与实训无关的事。

五、实训的组织管理(见表 2-4-1)

表 2-4-1 实训的组织管理

教学时间		实训单项名称 (或任务名称)	具体内容(知识点)	学时数	备注
星期	节次				
一	1~2	项目一、轴套类零件建模	主要运用"拉伸""回转""圆柱体""倒斜角""孔""螺纹""布尔运算"等建模工具	2	
	3~6	项目二、端盖轮盘类零件建模	主要运用"拉伸""回转""圆柱体""倒斜角""孔""螺纹孔""镜像""阵列""布尔运算"等建模工具	4	
二	1~4	项目三、基座体类零件建模	运用"拉伸""回转""圆柱体""倒斜角""孔""镜像""阵列""布尔运算"等建模工具	4	
	5~6	项目三、基座体类零件建模		2	
三	1~6	项目五、底座板平面加工	在"平面铣"模板加工环境下,运用粗、精铣平面及槽等操作,可完成"底座板"零件的加工	6	
四	1~6	项目五、底座板平面加工		6	
五	1~4	项目六、钻模板的铣削加工	在"钻孔"模板加工环境下,运用精铣键形槽、钻通孔、铰孔、攻螺纹等操作,完成加工	4	

六、实训简介、实训步骤与注意事项

实训子项目一 轴套类零件建模

1. 实训简介

该零件为轴套类零件,由圆柱、孔、螺纹、圆弧槽、去应力槽等结构组成,运用"拉伸""回转""圆柱体""倒斜角""孔""螺纹""布尔运算"等命令可完成图 2-4-1 所示轴套类零件建模。

2. 实训步骤

(1)进入建模环境。启动 NX,选择菜单"文件"→"新建",或者单击"工具"按钮▢,在打开的"新建"对话框"模型"选项卡中选择模板,模板名称为"模型",类型为"建模",命名新部件文件名称为"zhoutao",选择保存文件路径,进入建模模块。

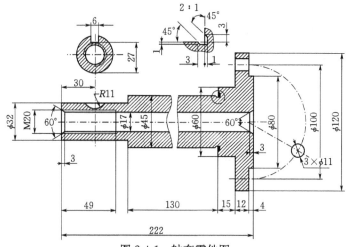

图 2-4-1　轴套零件图

（2）运用"圆柱体"或"拉伸"命令创建直径为 $\phi80$ mm、长度为 4 mm 的圆柱体。

（3）选择第一段圆柱体圆心为定位点，依次创建直径和长度分别为 $\phi120/12$；$\phi60/15$、$\phi45/130$、$\phi32/61$ 圆柱体，单位为 mm。

（4）运用布尔运算求和，将各段圆柱体体求和（可用"拉伸"命令草绘各段圆柱体截面圆，拉伸生成以上轴体）。

（5）创建中间通孔及倒角。运用"孔"命令，选择类型为"常规孔"，成形为"简单"，深度限制为"贯通体"，布尔运算求差，创建直径为 $\phi17$ mm 的中间通孔，两端倒角 $3\times60°$。

（6）创建 M20 螺纹孔。根据 $d=D-1.3P$，该螺纹螺距取 2，计算小径，运用"螺纹"命令，选择 $\phi32$ mm 端面，创建大径为 20 mm，长度为 49 mm 螺纹。

（7）创建 $3\times\phi11$ mm 均布小孔。

运用"孔"命令或草图拉伸工具创建孔，运用"圆形阵列"在 $\phi100$ mm 圆周创建 $3\times\phi11$ mm 均布小孔。

（8）创建圆弧槽。

运用"草绘"、"拉伸"命令及布尔差创建圆弧槽，注意草绘平面的选择。

（9）创建去应力槽。

运用"草绘"、"回转"命令创建去应力槽，即可完成轴套零件建模。

3. 注意事项

注意根据零件图的方位关系正确选择圆弧槽的构图平面。锐边倒角 $1\times45°$。

实训子项目二　端盖轮盘类零件建模

1. 实训简介

该零件为拨盘，由阶梯圆柱孔、均布孔、螺纹孔、沉头孔、耳孔板、键槽等结构组成，可运用"拉伸""回转""圆柱体""倒斜角""孔""螺纹孔""镜像""阵列""布尔运算"等命令完成图 2-4-2 所示零件建模。

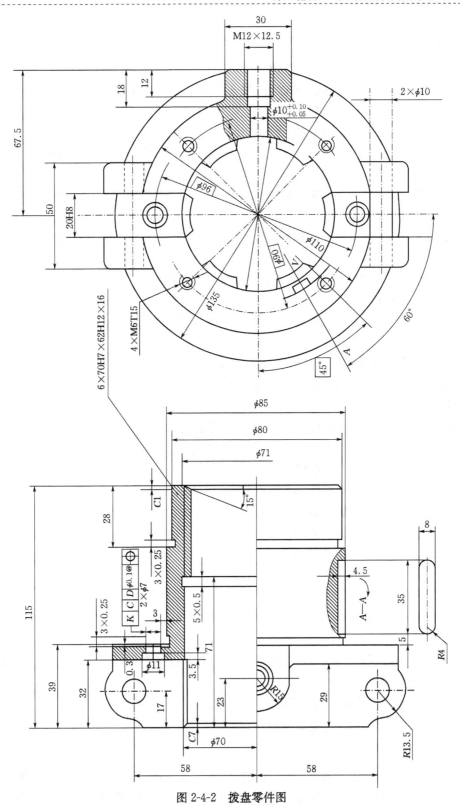

图 2-4-2 拨盘零件图

2. 实训步骤

(1)进入建模环境。

启动 NX，选择菜单"文件"→"新建"，或者单击"工具"按钮，在打开的"新建"对话框"模型"选项卡中选择模板，模板名称为"模型"，类型为"建模"，命名新部件文件名称为"bopan"，选择保存文件路径，进入建模模块。

(2)运用"拉伸"命令或"圆柱体"命令创建 $\phi 110$ mm×29 mm 圆柱体。

(3)以 $\phi 110$ mm×29 mm 圆柱体端面中心定位，运用"拉伸"命令或"圆柱体"命令创建 $\phi 135$ mm×10 mm 圆柱体。

(4)以 $\phi 135$ mm×10 mm 圆柱体端面中心定位，运用"拉伸"命令或"圆柱体"命令创建 $\phi 84.5$ mm×3 mm 圆柱体。

(5)以 $\phi 84.5$ mm×3 mm 圆柱体端面中心定位，运用"拉伸"命令或"圆柱体"命令创建 $\phi 85$ mm×45 mm 圆柱体。

(6)以 $\phi 85$ mm×45 mm 圆柱体端面中心定位，运用"拉伸"命令或"圆柱体"命令创建 $\phi 79.5$ mm×3 mm 圆柱体。

(7)以 $\phi 79.5$ mm×3 mm 圆柱体端面中心定位，运用"拉伸"命令或"圆柱体"命令创建 $\phi 80$ mm×25 mm 圆柱体。

(8)运用布尔加将上述圆柱体求和，完成拨盘主体建模。

(9)用"回转"命令、布尔差完成 $\phi 70$ mm×66 mm、$\phi 71$ mm×5 mm、$\phi 65$ mm×44 mm 内孔创建。

(10)用"螺纹孔"命令完成底部 4×M6 螺纹孔创建。

(11)用"拉伸"命令创建右耳孔板，镜像实体完成左右耳孔板创建。

(12)用"拉伸"、布尔差完成耳孔板中间槽的切割。

(13)用"孔"命令创建 2×$\phi 7$ mm 沉头孔。

(14)用拉伸工具创建前方螺纹耳板。

(15)创建耳板 $\phi 10$ mm 孔及螺纹底孔。

(16)用"螺纹"命令创建 M12 螺纹。

(17)用"键槽"命令创建侧面键槽。

(18)"草绘"、"拉伸"、"阵列"完成内孔均布凸齿的创建。

(19)锐边倒角、倒圆。

3. 注意事项

(1)回转体的截断面必须是封闭的轮廓，不可有断点或者伸出的曲线轮廓线、重叠的线或轮廓，否则均无法建模成功。

(2)螺纹底孔需要计算准确才能保证螺纹建模成功。

实训子项目三　基座体类零件建模

1. 实训简介

该零件为机座，由六边形底座、均布孔、管道、通孔、加强筋等结构组成，可运用"拉伸"、"回转"、"圆柱体"、"倒斜角"、"孔"、"镜像"、"阵列"、"布尔运算"等命令完成图 2-4-3 所示零件建模。

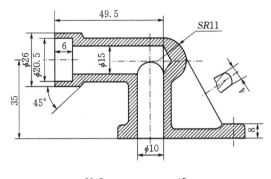

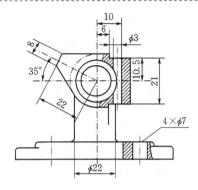

技术要求

未注圆角为$R3$；材料ZG230-450

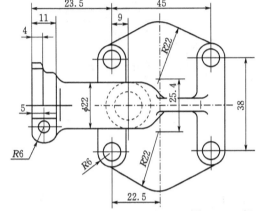

图 2-4-3　机座零件图

2. 实训步骤

(1)进入建模环境。启动 NX,创建模板名称为"模型",类型为"建模",新部件文件名称为"机座",选择保存文件路径,进入建模模块。

(2)运用"拉伸"命令创建六边形底座。

(3)创建右侧高为 8 mm 的凸台。

(4)镜像完成左侧凸台。

(5)用"孔"命令创建凸台上 $\phi 7$ 通孔,阵列完成 $4\times\phi 7$ mm 孔的创建。

(6)以底座上表面为草绘平面,运用"拉伸"命令创建 $\phi 22$ mm$\times 35$ mm 圆柱孔。

(7)用"拉伸"命令创建 $\phi 24$ mm$\times 53$ mm 圆柱横向圆柱体。

(8)用"回转"命令创建两圆柱体相交处半球实体结构。

(9)用"孔"命令创建 $\phi 15$ mm、$\phi 20$ mm 内孔。

(10)用"拉伸"命令创建前左方凸台。

(11)用"孔"命令创建 $\phi 3$ mm 通孔。

(12)"回转"命令创建左后侧锥台结构。

(13)用"拉伸"命令或"筋"命令创建左右加强筋。

(14)锐边倒角、倒圆,完成机座的创建。

3. 注意事项

回转体的截断面必须是封闭的轮廓,不可有断点或者伸出的曲线轮廓线、重叠的线或轮廓,否则均无法建模成功。

实训子项目四 机构综合设计(选作)

1. 实训简介

该机构为简易千斤顶,根据图 2-4-4 所示零件图完成各组件建模并参照图 2-4-5 进行装配。

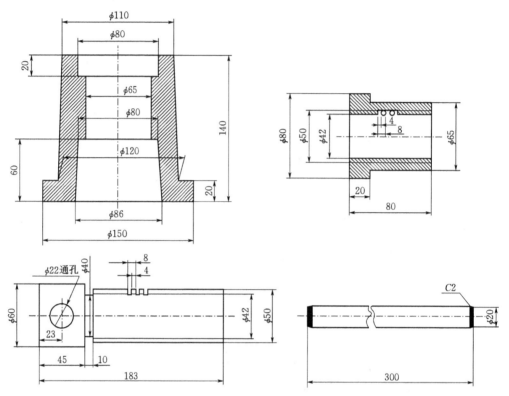

图 2-4-4 简易千斤顶组件零件图

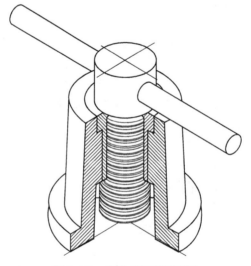

图 2-4-5 简易千斤顶装配图

2. 实训步骤

内容略。

3. 注意事项

装配时，注意选择合理的装配约束类型并确保约束足够。

实训子项目五 底座板平面加工

1. 实训简介

如图 2-4-6 所示，该零件为有均布孔和矩形凹槽的平面体零件，在"平面铣"模板加工环境下，运用粗、精铣平面及槽等操作，可完成"底座板"零件的加工。

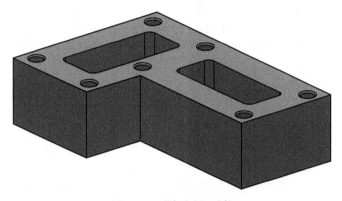

图 2-4-6 "底座板"零件

2. 实训步骤

(1)调入参考模型。

启动 NX，选择菜单"文件"→"打开"，或者单击"工具"按钮，根据加工模型的存档路径打开"底座板"零件。

(2)构建工件毛坯。

在"标准"工具栏单击"开始"按钮，选择"建模"→"绘制矩形"，用"拉伸"命令创建尺寸大于零件轮廓，高度大于工件高度的毛坯。

(3)进入加工模块，在操作导航器下以"几何视图"显示。

在"标准"工具栏单击"开始"按钮，选择"加工"，打开"加工环境"对话框，在"要创建的 CAM 设置"面板中选择"mill_planar"选项，在"导航器"工具栏单击"几何视图"，将导航器切换至几何视图，并在"插入"工具栏选择"创建程序"按钮，创建程序父节点。

(4)创建加工坐标系。

在几何视图导航器中，双击工具图标 MCS 中 MCS，可默认表面的中心位置。

(5)创建工件几何体和毛坯几何体。

双击 WORKPIECE→单击指定部件，选择"底座板"零件，单击"确定"，返回。单击指定毛坯。选择(2)中创建的拉伸体。

(6)创建 5 组刀具。

单击"创建刀具"按钮 ，打开"创建刀具"对话框，创建表 2-4-2 所示五组刀具。

表 2-4-2　创建刀具表

刀具	类型	子类型	父组级	名称
φ8 立铣刀	Mill_contour	MILL	Generic-machine	MILL-D6
φ16 立铣刀	Mill_contour	MILL	Generic-machine	MILL-D6
φ4 中心钻	Hole-making	CENTERDRILL	Generic-machine	CENTERDRILL-D4
φ6.7 钻头	drill	DRILLING_TOOL	Generic-machine	DRILLING_TOOL-D7.7
M8 丝绳	drill	TAP	Generic-machine	TAP-M10

（7）创建加工操作。

①粗加工顶面。

a. 创建操作。选择菜单"插入"→"操作"，打开"创建工序"对话框，完成图 2-4-7 所示设置。

图 2-4-7　"创建工序"对话框

b. 设置切削区域。

在图 2-4-8 所示"面铣"对话框中"几何体"面板选择"指定面边界"→选择曲线和边,然后在图 2-4-9 所示"指定面几何体"对话框中单击"平面"面板中的"手工"选项,在弹出的对话框中选择"类型"改为"自动判断"。然后选中工件上表面的一个孔的孔心,单击"确定",弹出"指定面几何体",使用"曲线边界"选择毛坯表面的四边作为边界。

图 2-4-8　"面铣"对话框

图 2-4-9　"指定面几何体"对话框

c. 设置切削方式(刀轨设置)。在"刀轨设置"面板中设置如下,切削方式:"往复";毛坯距离:"5";百分比:"60";每刀深度:"3";最终底面余量:"5"。

d. 设置切削参数、非切削参数、进给率和速度如图 2-4-10 所示。单击"切削参数"按钮,打开"切削参数"对话框,在"余量"选项中进行设置,部件侧面余量:"0.5";最终底部面余量:"0.5";确定后返回对话框。

继续在"刀轨设置"面板中设置如下:设置"非切削参数中安全设置为"包容块"。

设置进给和速度为,主轴输出模式:"RPM";主轴速度(rpm):"600";剪切:"0.4mmpr";其余参数保持默认值。

e. 生成刀具轨迹后处理效果如图 2-4-11 所示。

②精加工顶面。右击 GB-1,复制上步创建的刀具轨迹,将加工方法改为精加工。

③粗加工四壁。参照粗加工顶面,进行如下设置:

a. 创建操作。子类型:"面铣(PLANAR_MILL)";程序:"NC_PROGRAM";使用几何体:"WORKPIECE";使用刀具:"MILL-D16"(1 号刀具);使用方法:"MILL_ROUGH"(粗铣);名称:"GB-3"(工步 3)。

b. 设置切削区域。单击"选择或编辑部件边界",弹出"几何边界",使用"面",选择部件

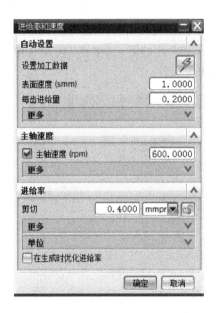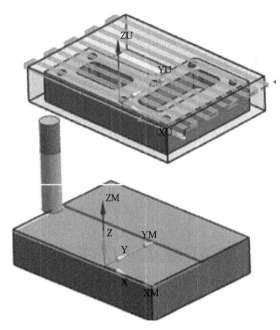

图 2-4-10　"进给率和速度"对话框及仿真效果

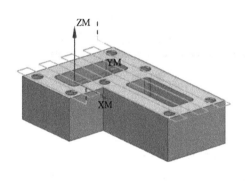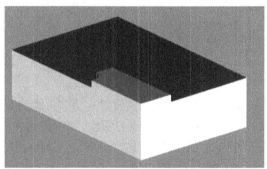

图 2-4-11　生成刀具轨迹及效果

上表面;同样指定毛坯边界,使用"曲线/边",选择毛坯的上表面的 4 个边,然后单击"平面"处的"手工",在弹出的对话框中选择"类型"改为"自动判断"。然后选中工件上表面的一个孔的孔心。

切削层:类型改为"恒定",每刀深度改为"6",步距改为"30%"。

c. 设置切削方式。切削方式:"往复";毛坯距离:"5";百分比:"60";每刀深度:"3";最终底面余量:"5"。

d. 设置切削参数。部件侧面余量:"0.5";最终底部面余量:"0.5"。

e. 设置非切削参数。安全设置为"包容块"。

f. 设置进给率和速度。主轴输出模式:"RPM";主轴速度(rpm):"600";剪切:"0.4 mmpr";其余参数保持默认值。

g. 生成刀具轨迹。

h. 后处理。

④精加工四壁。

a. 创建操作。子类型：平面轮廓铣（PLANAR_PROFILE）；程序："NC_PROGRAM"；使用几何体："WORKPIECE"；使用刀具："MILL-D16（1 号刀具）"；使用方法："MILL_FIN-ISH"（精铣）；名称："GB-4"（工步 4）。

b. 设置切削区域：同工步 3。

c. 设置切削方式：每刀深度为"8"，其余同工步 3。

d. 设置同工步 3。

e. 生成刀具轨迹。

f. 后处理。

⑤精加工中间孔。

a. 创建操作。子类型：表面区域铣（FACE_MILLING_AREA）；程序："NC_PROGRAM"；使用几何体："WORKPIECE"；使用刀具："MILL-D8"（12 号刀具）；使用方法："MILL_FIN-ISH"（精铣）；名称：GB-5（工步 5）。

b. 设置切削区域。

c. 其余设置同工步 3。

d. 生成刀具轨迹。刀具轨迹及仿真效果如图 2-4-12 所示。

e. 后处理。

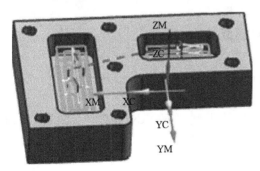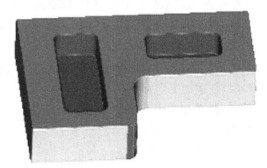

图 2-4-12 刀轨及仿真效果

实训子项目六 钻模板的铣削加工

1. 实训简介

根据工艺要求，对图 2-4-13 所示工件在立式加工中心机床上加工。工件的毛坯外形、两个中心孔 φ80 mm、φ50 mm 已经加工完毕，工件以毛坯的底面和 φ80 mm、φ50 mm 两个中心孔进行定位，并以压板从工件表面夹紧，固定在机床的工作台上。

零件结构如下图 6-1 所示，可在"钻孔"模板加工环境下，运用"精铣键形槽"、"钻通孔"、"铰孔"、"攻螺纹"等命令，完成加工。

2. 实训步骤

对零件的加工共安排 7 个加工工步，即精铣键形槽、粗钻 φ20 mm（φ19.8 mm 钻头）通

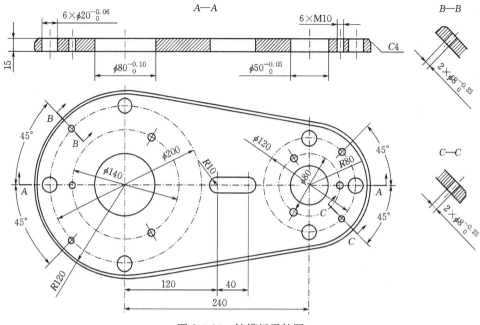

图 2-4-13　钻模板零件图

孔、钻 M10(ϕ8.4 mm 钻头)螺纹底孔、粗钻 ϕ8(ϕ7.8 mm 钻头)通孔、铰 ϕ20(ϕ20 mm 铰刀)通孔、铰 ϕ8 mm(ϕ8 mm 铰刀)通孔、攻 M10(M10×1.5 丝锥)螺纹。

操作方式参见实训子项目五,设置要求详见如下:

(1)调入参考模型。打开"taidengzhaotumo"模型。

(2)构建工件毛坯。

(3)进入加工模块在操作导航器下以"几何视图"显示。

(4)创建加工坐标系。

(5)创建工件几何体。类型:"mill_contour";子类型:"WORKPIECE"(工件);父组:"ZBX";名称:"JHT"。

(6)创建毛坯几何体。

(7)根据零件图上尺寸要求创建 7 组刀具。

(8)创建加工操作。

①精铣键形槽。

a. 创建操作。类型:"mill_planar";子类型:"PLANAR_MILL"(平面铣);程序:"NC_PROGRAM"。使用几何体:"JHT";使用刀具:"D14"(1 号刀具);使用方法:"MILL_FINISH"(精铣);名称:"GB-1"(工步 1)。

b. 设置切削区域。

c. 设置切削方式。切削方式:"跟随工件";步进:"刀具直径";百分比:"40";每一刀的全局深度:"3"。

d. 设置切削参数。切削顺序:"层优先";切削方向:"顺铣切削";毛坯距离:"0";部件余量:"0";最终底面余量:"0";毛坯余量:"0";区域排序:"优化";区域连接:"√";跟随检查几

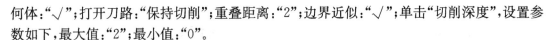

何体:"√";打开刀路:"保持切削";重叠距离:"2";边界近似:"√";单击"切削深度",设置参数如下,最大值:"2";最小值:"0"。

e. 设置非切削参数。安全高度(XC-YC):"20";从点:"XC=0、YC=120、ZC=50";返回点:"XC=0、YC=120、ZC=50"。

f. 设置进给率和速度。主轴输出模式:"RPM";主轴速度(r/min):"1200";剪切:"0.4mmpr"。

g. 生成刀具轨迹,如图 2-4-14 所示。

h. 检验刀具轨迹,仿真加工完毕的效果如图 2-4-15 所示。

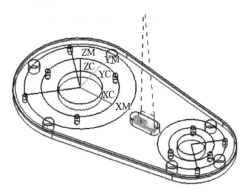

图 2-4-14 精铣键形槽刀具轨迹

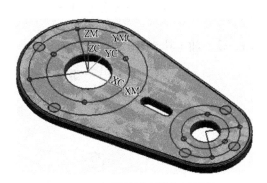

图 2-4-15 精铣键形槽加工效果

③粗钻 ϕ20 mm 通孔。

a. 创建操作。类型:"drill";子类型:"DRILLING"(标准钻);程序:"NC_PROGRAM";使用几何体:"JHT";使用刀具:"Z19.8"(2 号刀具);使用方法:"DRILL_METHOD"(钻削方式);名称:"GB-2"(工步 2)。

b. 设置加工孔。

c. 设置加工表面。选取 ϕ20 mm 通孔所在的表面。

d. 设置加工底面。选取 ϕ20 mm 通孔的底面。

e. 设置切削方式。模型深度:"穿过底面";进给率:"0.4 mm/r";退刀:"自动";最小安全距离:"3";通孔深度偏置:"1.5";盲孔深度偏置:"0"。

f. 设置进给率和速度。主轴输出模式:"RPM";主轴速度(rpm):"800";剪切:"0.4 mmpr"。

g. 设置非切削参数。安全高度(XC-YC):"20";从点:"XC=0、YC=100、ZC=50";返回点:"XC=0、YC=100、ZC=50"。

h. 生成刀具轨迹,如图 2-4-16 所示。

i. 检验刀具轨迹,仿真加工完毕的效果如图 2-4-17 所示。

④钻 M10 螺纹底孔。

a. 创建操作。类型:"drill";子类型:"BREAKCHIP_DRILLING"(断屑钻);程序:"NC_PROGRAM";使用几何体:"JHT";使用刀具:"Z8.4"(3 号刀具);使用方法:"DRILL_METHOD"(钻削方式);名称:"GB-3"(工步 3)。

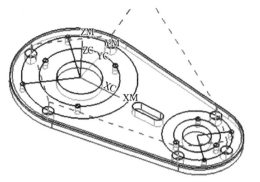

图 2-4-16　粗钻 ϕ20 mm 通孔刀具轨迹

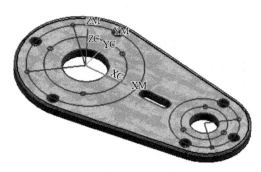

图 2-4-17　粗钻 ϕ20 mm 通孔加工效果

b. 设置加工孔，如图 2-4-18 所示。

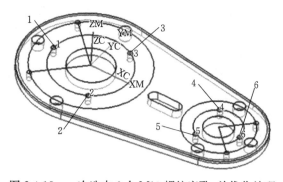

图 2-4-18　一次选中 6 个 M10 螺纹底孔，并优化处理

c. 设置加工表面。选取 M10 通孔所在的表面。

d. 设置加工底面。选取 M10 螺纹底孔的底面。

e. 设置切削方式。模型深度："穿过底面"；进给率："0.2 mm/r"；Incement（进刀量）："恒定的"；增量："8"；最小安全距离："3"；通孔深度偏置："1.5"；盲孔深度偏置："0"。

f. 设置进给率和速度。主轴输出模式："RPM"；主轴速度（r/min）："1200"；剪切："0.2mmpr"。

g. 设置非切削参数。安全高度（XC-YC）："20"；从点："XC＝0、YC＝100、ZC＝50"；返回点："XC＝0、YC＝100、ZC＝50"。

h. 生成刀具轨迹，如图 2-4-19 所示，仿真加工完毕的效果如图 2-4-20 所示。

i. 检验刀具轨迹。

⑤粗钻 ϕ8 mm 通孔。

用 4 号刀具，采用"断屑钻"方式，钻 4 个 ϕ8 mm 通孔，钻透至底面。

可参照工步 3 创建加工操作。生成的刀具轨迹和加工效果，如图 2-4-21 和图 2-4-22 所示。

⑥铰 ϕ20 mm 通孔。

a. 创建操作。类型："drill"；子类型："REAMING（铰孔）"；程序："NC_PROGRAM"；使用几何体："JHT"；使用刀具："J20"（5 号刀具）；使用方法："DRILL_METHOD"（钻削）；名称："GB-5"（工步 5）。

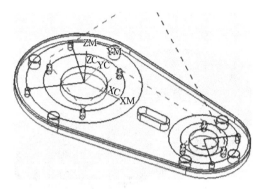

图 2-4-19　钻 M10 螺纹底孔刀具轨迹

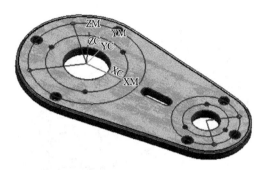

图 2-4-20　钻 M10 螺纹底孔加工效果

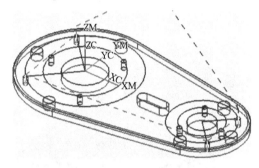

图 2-4-21　粗钻 ϕ8 mm 通孔刀具轨迹

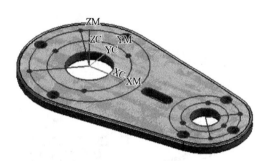

图 2-4-22　粗钻 ϕ8 mm 通孔加工效果

b. 设置加工孔。加工孔、加工表面的设置，可参照加工步 2 进行。

c. 设置加工底面。加工底面的设置，可参照工步 2 进行。

d. 设置切削方式。模型深度："穿过底面"；进给率："0.4mm/r"；退刀方式："自动"；最小安全距离："3"。

e. 设置进给率和速度。主轴输出模式："RPM"；主轴速度（rpm）："300"；剪切："0.2mmpr"。

f. 设置非切削参数。安全高度（XC-YC）："20"；从点："XC＝0、YC＝100、ZC＝50"；返回点："XC＝0、YC＝100、ZC＝50"。

g. 生成刀具轨迹，如图 2-4-23 所示。

h. 检验刀具轨迹，仿真加工完毕的效果如图 2-4-24 所示。

⑦铰 ϕ8 mm 通孔。

用 6 号刀具，采用"铰孔"方式，铰 4 个 ϕ8 mm 通孔，铰透至底面。可参照工步 5 进行创建加工操作。生成的刀轨和加工效果，如图 2-4-25 和图 2-4-26 所示。

⑧攻 M10 螺纹。

用 7 号刀具，采用"攻丝"方式，攻 6 个 M10 螺纹孔，攻透至底面。

a. 创建操作。类型："drill"；子类型："TAPPING"（攻螺纹）；程序："NC_PROGRAM"；使用几何体："JHT"；使用刀具："SZM10"（7 号刀具）；使用方法："METHOD"（一般方式）；名称："GB-7"（工步 7）。

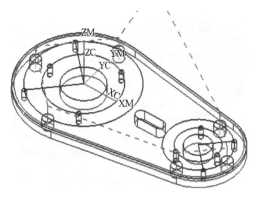

图 2-4-23　铰 ϕ20 mm 通孔刀具轨迹

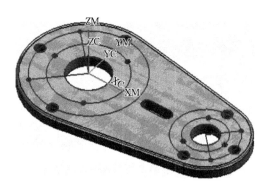

图 2-4-24　铰 ϕ20 mm 通孔加工效果

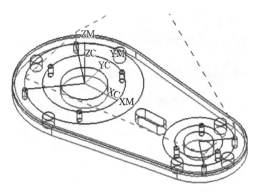

图 2-4-25　铰 ϕ8 mm 通孔刀具轨迹

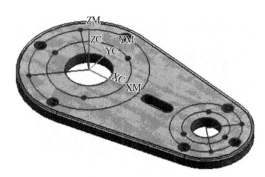

图 2-4-26　铰 ϕ8 mm 通孔加工效果

b. 设置加工孔。

c. 设置加工表面。

d. 设置加工底面。加工孔、加工表面和加工底面的设置,可参照【工步 3】的方法进行。

e. 设置切削方式。模型深度:"穿过底面";进给率:"1.5mm/r";退刀方式:"自动";最小安全距离:"18"。

f. 设置进给和速度。主轴输出模式:"RPM";主轴速度(rpm):"30";剪切:"0.2mmpr"。

g. 设置非切削参数。

安全高度(XC-YC):"20";从点:"XC=0、YC=100、ZC=50";返回点:"XC=0、YC=100、ZC=50"。

h. 生成刀具轨迹,如图 2-4-27 所示。

i. 检验刀具轨迹。

(9)生成加工程序,攻 M10 螺纹加工效果,如图 2-4-28 所示。

3. 注意事项

在设计刀具轨迹时,如刀具的选择、进/退刀的设定、切削用量的设定、走刀轨迹的设定等参数设定,要注意根据零件的实际情况设定合理的参数。

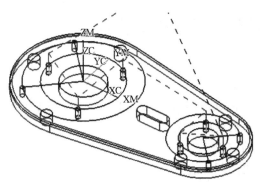
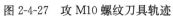

图 2-4-27　攻 M10 螺纹刀具轨迹

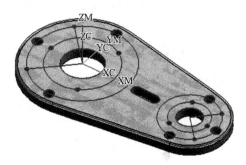

图 2-4-28　攻 M10 螺纹加工效果

七、考核标准（见表 2-4-3）

表 2-4-3　考核标准一览表

序号	考核内容	考核标准	评分标准	考试形式
实训子项目一～实训子项目三（每项目20分）	建模环境设置	模板类型选择正确，文件命名规范，保存路径合理，3分	每错一项扣1分	开卷
	建模结构	建模结构完整，定形定位准确，17分	结构每缺失一处扣2分，定形或定位尺寸每错一处扣1分	
实训子项目四	机构综合设计（选作）	作为考核优秀参考		
实训子项目五～实训子项目六（每项目20分）	创建程序组	设置合理，1分	设置合理，1分	
	创建刀具组	刀具设置合理完整，2分	刀具选择及设置每错一处扣1分	
	创建几何体组	设置合理，2分	每错一处扣1分	
	创建加工方法	设置合理，2分	每错一处扣1分	
	创建操作	设置准确合理，10分	工步一步，2分，参数每错一项扣1分，扣完为止	
	生成刀具轨迹并输出刀具位置源文件	刀具轨迹选择合理，加工路径完整正确，3分	加工路径每错一处扣1分	

八、实训报告

实训报告即为所完成的建模文件及加工文件。

整周实训五　机床电气控制与 PLC 实训

一、实训目的

(1)复习巩固 PLC 工作原理,PLC 的各部件构成及作用,初步掌握 PLC 的接线方法。

(2)熟悉基本指令与应用指令以及实训设备的使用方法。

(3)熟悉编程软件界面及梯形图编程指令的应用。

(4)理论联系实际提高学生分析问题和解决问题的能力。

二、实训任务

实训子项目一、PLC 常用指令:

通过 PLC 常用指令实训,主要掌握常用基本指令、定时器及计数器指令、跳转指令、置位/复位及脉冲指令、移位寄存器指令及常用功能指令的格式及功能;熟悉编译调试软件的使用;并学会 PLC 与外围电路的接口连线方法。

实训子项目二、电动机的 Y/△ 启动控制:

通过电动机的 Y/△ 启动控制实训,掌握 PLC 功能指令的用法;并能掌握用 PLC 控制交流电动机的正反转控制电路及 Y/△ 启动的电路。

实训子项目三、艺术灯的 PLC 控制:

通过艺术灯的 PLC 控制实训,主要掌握数据传送指令和移位指令的应用;并学会 PLC 与外围电路的接口连线方法。

实训子项目四、交通信号灯的自动控制:

通过交通信号灯的自动控制实训,重点掌握定时器指令的用法;并能掌握用 PLC 控制交通灯的方法。

三、实训预备知识

实训前,学生应熟练掌握 PLC 工作原理、PLC 的各部件构成及作用、PLC 的接线方法;掌握 PLC 的基本指令与指令的使用方法;具备一定的电气控制基础;熟练运用编程软件;能用流程图和梯形图编制一些简单的程序。

四、实训设备操作安全注意事项

1. 实训设备

(1)计算机一台。

(2)PLC 实训箱一台。

(3)编程电缆一根。

(4)导线若干。

2. 注意事项

(1)爱护实训器材,不得随意操作,要在指导老师讲解后,按要求操作。

(2)插拔编程电缆的时候注意不能用太大力,以免损坏实训箱。

(3)实训场地要文明工作、文明生产,各种工具、设备要摆放合理、整齐。

五、实训的组织管理

(1)实训分组安排:每组_____人。

(2)时间安排见表 2-5-1。

表 2-5-1　实训进程安排表

教学时间		实训子项目名称 (或任务名称)	具体内容(知识点)	学时数	备注
星期	节次				
1	1~4	实训子项目一、PLC 常用指令实训	1. 常用基本指令编程操作训练;定时器 及计数器指令、跳转指令	4	
	5~6	实训子项目一、PLC 常用指令实训	2. 置位/复位及脉冲指令、移位寄存器指 令的使用方法	2	
2	1~4	实训子项目二、电 动机的Y/△启动控制	1. 电动机的点动控制(正转、Y接法)。 2. 电动机的单向连续控制(正转、Y接 法)。 3. 电动机的正反转控制(正转、反转、Y 接法,正-停-反)。 4. 电动机的正反转控制(正转、反转、Y 接法,正-反)	4	
	5~6	实训子项目二、电 动机的Y/△启动控制	1. 电动机的正向Y/△启动控制(正转、Y 接法,3 s后△接法)。 2. 电动机的双向Y/△启动控制(正转-停 止-反转、Y接法,3s后△接法)	2	
3	1~4	实训子项目三、艺 术灯的PLC控制	1. 手动控制8盏艺术灯。 2. 自动控制8盏艺术灯	4	
	5~6	实训子项目三、艺 术灯的PLC控制	自动控制1~9号灯依次点亮,再全亮	2	
4	1~6	实训子项目四、交 通信号灯的自动控制	设计一个十字路口交通信号灯的控制 程序	6	
合　　计				24	

六、实训简介、实训步骤与注意事项

实训子项目一　PLC 常用指令

1. 实训简介

SIEMENS S7-200 系列可编程序控制器的常用基本指令有 10 条,本次实训进行常用基本指令 LD、LDN、A、AN、NOT、O、ON、ALD、OLD、＝指令的编程操作训练；定时器及计数器指令、跳转指令、置位/复位及脉冲指令、移位寄存器指令及常用功能指令的使用方法。

2. 实训步骤

(1)实训前,先用下载电缆将计算机串口与 S7-200-CPU226 主机的 PORT1 端口连好,然后对实训箱通电,并打开 24 V 电源开关。主机和 24 V 电源的指示灯亮,表示工作正常,可进入下一步实训。

(2)进入编译调试环境,用指令符或梯形图输入下列练习程序。

(3)根据程序,进行相应的连线。

(4)下载程序并运行,观察运行结果。

练习 1 如图 2-5-1 所示。

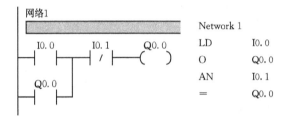

图 2-5-1 LD 指令

练习 2 如图 2-5-2 所示。

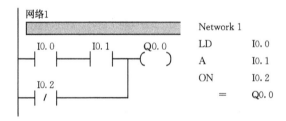

图 2-5-2 A 指令

练习 3:在程序中要将两个程序段(又称电路块)连接起来时,需要用电路块连接指令。每个电路块都是以 LD 或 LDN 指令开始,如图 2-5-3、图 2-5-4 所示。

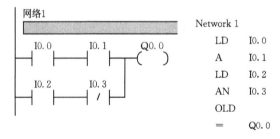

图 2-5-3 OLD 指令

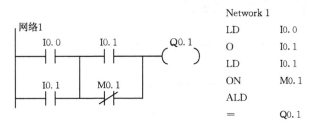

图 2-5-4 ALD 指令

练习 4：延时器，如图 2-5-5 所示。

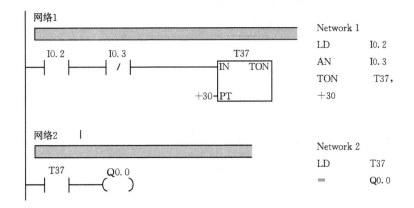

图 2-5-5 TON 指令

练习 5：秒脉冲发生器，如图 2-5-6 所示。

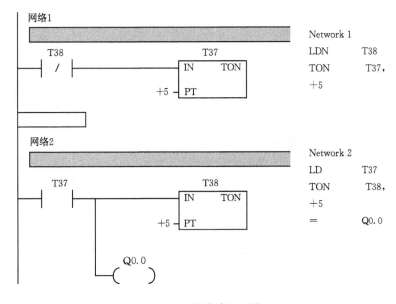

图 2-5-6 秒脉冲发生器

练习 6：增计数器，如图 2-5-7 所示。

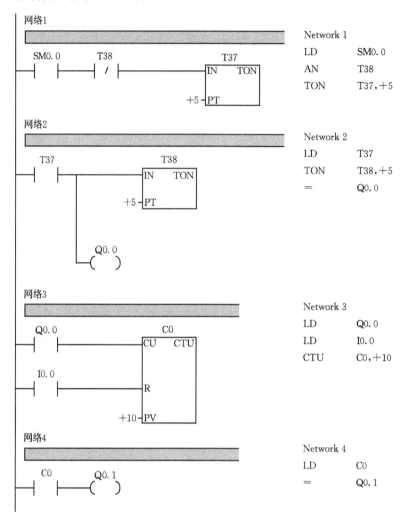

图 2-5-7　增计数器

练习 7：置位(S)或复位(R)指令，如图 2-5-8 所示。

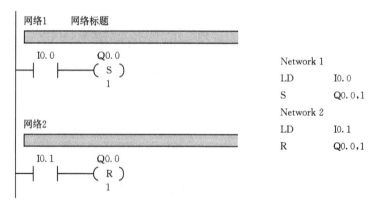

图 2-5-8　S、R 指令

练习 8：正负跳变指令的编程，如图 2-5-9 所示。

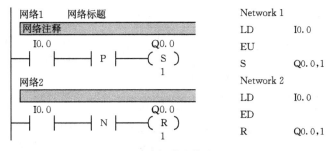

Network 1		
LD	I0.0	
EU		
S	Q0.0,1	
Network 2		
LD	I0.0	
ED		
R	Q0.0,1	

图 2-5-9　正负跳变指令

练习 9：左移指令练习，如图 2-5-10 所示。

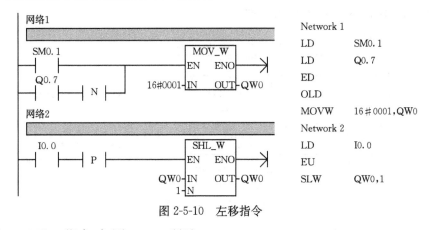

Network 1		
LD	SM0.1	
LD	Q0.7	
ED		
OLD		
MOVW	16#0001,QW0	
Network 2		
LD	I0.0	
EU		
SLW	QW0,1	

图 2-5-10　左移指令

练习 10：MOV 指令，如图 2-5-11 所示。

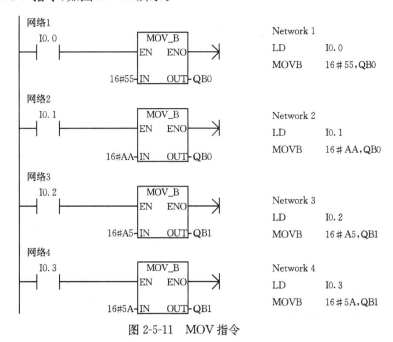

Network 1		
LD	I0.0	
MOVB	16#55,QB0	
Network 2		
LD	I0.1	
MOVB	16#AA,QB0	
Network 3		
LD	I0.2	
MOVB	16#A5,QB1	
Network 4		
LD	I0.3	
MOVB	16#5A,QB1	

图 2-5-11　MOV 指令

练习 11:加法指令,如图 2-5-12 所示。

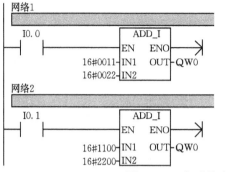

<table>
<tr><td>Network 1</td><td></td></tr>
<tr><td>LD</td><td>I0.0</td></tr>
<tr><td>MOVW</td><td>16#0011,QW0</td></tr>
<tr><td>+I</td><td>16#0022,QW0</td></tr>
<tr><td>Network 2</td><td></td></tr>
<tr><td>LD</td><td>I0.1</td></tr>
<tr><td>MOVW</td><td>16#1100,QW0</td></tr>
<tr><td>+I</td><td>16#2200,QW0</td></tr>
</table>

图 2-5-12 加法指令

练习 12:减法指令,如图 2-5-13 所示。

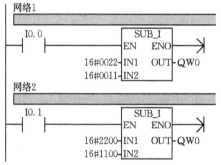

<table>
<tr><td>Network 1</td><td></td></tr>
<tr><td>LD</td><td>I0.0</td></tr>
<tr><td>MOVW</td><td>16#0022,QW0</td></tr>
<tr><td>-I</td><td>16#0011,QW0</td></tr>
<tr><td>LD</td><td>I0.1</td></tr>
<tr><td>MOVW</td><td>16#2200,QW0</td></tr>
<tr><td>-I</td><td>16#1100,QW0</td></tr>
</table>

图 2-5-13 减法指令

练习 13:跳转指令,如图 2-5-14 所示。

<table>
<tr><td>Network 1</td><td></td></tr>
<tr><td>LD</td><td>SM0.0</td></tr>
<tr><td>AN</td><td>T38</td></tr>
<tr><td>TON</td><td>T37,+5</td></tr>
<tr><td>Network 2</td><td></td></tr>
<tr><td>LD</td><td>T37</td></tr>
<tr><td>TON</td><td>T38,+5</td></tr>
<tr><td>=</td><td>M0.0</td></tr>
<tr><td>Network 3</td><td></td></tr>
<tr><td>LD</td><td>I0.0</td></tr>
<tr><td>JMP</td><td>1</td></tr>
<tr><td>Network 4</td><td></td></tr>
<tr><td>LD</td><td>M0.0</td></tr>
<tr><td>=</td><td>Q0.0</td></tr>
<tr><td>Network 5</td><td></td></tr>
<tr><td>LBL</td><td>1</td></tr>
<tr><td>Network 6</td><td></td></tr>
<tr><td>LD</td><td>M0.0</td></tr>
<tr><td>=</td><td>Q0.1</td></tr>
</table>

图 2-5-14 跳转指令

3. 注意事项

注意各基本指令与功能指令的应用方法。

实训子项目二　电动机的Y/△启动控制

1. 实训简介

设计通过 PLC 控制电机的Y/△启动电路的程序。电动机正反转控制电路图如图 2-5-15 所示。

当按下正转启动按钮时,电动机正转(继电器 KM1 控制),并运行在Y形接法(低速运行,继电器 KM4 控制)。过3 s 后 KM4 断开,电动机运行在△接法(全速运行,继电器 KM3 控制)。

当按下停止按钮时,电动机停转。

当按下反转启动按钮时,电动机反转(继电器 KM2 控制),并运行在Y形接法(低速运行,继电器 KM4 控制)。过3 s 后 KM4 断开,电动机运行在△接法(全速运行,继电器 KM3 控制)。

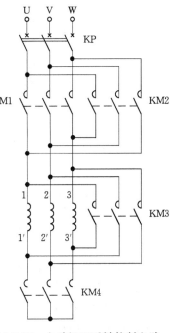

图 2-5-15　电动机正反转控制电路

2. 实训步骤

(1)确定输入、输出端口,并编写程序。

(2)编译程序,无误后下载至 PLC 主机的存储器中,并运行程序。

(3)调试程序,直至符合设计要求。建议按照以下顺序由浅入深的完成,在设计该项目之前要完成以下几个子项目:

①电动机的点动控制(正转、Y接法)。

②电动机的单向连续控制(正转、Y接法)。

③电动机的正反转控制(正转、反转、Y接法,正-停-反)。

④电动机的正反转控制(正转、反转、Y接法,正-反)。

⑤电动机的正向Y/△启动控制(正转、Y接法,3 s 后△接法)。

⑥电动机的双向Y/△启动控制(正转-停止-反转、Y接法,3 s 后△接法)。

3. 注意事项

(1)进行Y/△启动控制的电动机,必须是有 6 个出线端子且定子绕组在△接法时的额定电压等于三相电源线电压的电动机。

(2)接线时要注意电动机的△接法不能接错,应将电动机定子绕组的 U1、V1、W1 通过 KM2 接触器分别与 W2、U2、V2 连接,否则,会使电动机在△接法时造成三相绕组各接同一相电源或其中一相绕组接入同一相电源而无法工作等故障。

(3)KM3 接触器的进线必须从三相绕组的末端引入,若误将首端引入,则在 KM3 接触器吸合时,会产生三相电源短路事故。

(4)通电校训前要检查一下熔体规格及各整定值是否符合原理图的要求。

(5)接电前必须经教师检查无误后,才能通电操作。

(6)实训中一定要注意安全操作。

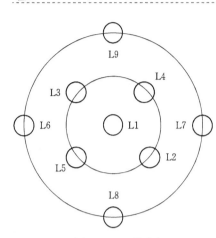

图 2-5-16 艺术灯

实训子项目三 艺术灯的 PLC 控制

1. 实训简介

艺术灯可以采用 PLC 来控制,如控制灯光的闪烁、移位及各种时序的变化。艺术灯控制模块共由 9 个指示灯组成,如图 2-5-16 所示:

现要求 1~9 号灯闪亮的时序如下:

(1)1~9 号灯依次点亮,再全亮。

(2)重复(1),循环往复。

2. 实训步骤

(1)确定输入、输出端口,并编写程序。

(2)编译程序,无误后下载至 PLC 主机的存储器中,并运行程序。

(3)调试程序,直至符合设计要求。

建议按照以下顺序由浅入深的完成,在设计该子项目之前要完成以下两个任务:

①手动控制 8 盏艺术灯。控制要求:用 I0.0 手动控制接在 Q0.0~Q0.7 上的 8 个彩灯的循环移位,保持任意时刻只有一个指示灯亮,到达最左端后,再从右到左依次点亮。

②自动控制 8 盏艺术灯。

控制要求:先用启动按钮手动启动接在 Q0.0~Q0.7 上的 8 个彩灯的第一盏灯,松开后按从右到左以 0.5 s 的速度依次点亮,保持任意时刻只有一个指示灯亮,到达最左端后,再从右到左依次点亮,且按下停止按钮后能全灭。

3. 注意事项

(1)不能用 SM0.1 指令。

(2)按启动按钮时,只能第一盏灯亮。

(3)按停止按钮时,灯必须全灭。

(4)9 盏艺术灯均能自动控制。

实训子项目四 交通信号灯的自动控制

1. 实训简介

设计一个十字路口交通信号灯的控制程序。要求为:南北向红灯亮 10 s,东西向绿灯亮 4 s 闪 3 s,东西向黄灯亮 3 s,然后东西向红灯亮 10 s,南北向绿灯亮 4 s 闪 3 s,南北向黄灯亮 3 s,并不断循环反复。

2. 实训步骤

(1)确定输入、输出端口,并编写程序。

(2)编译程序,无误后下载至 PLC 主机的存储器中,并运行程序。

(3)调试程序,直至符合设计要求。

3. 注意事项

(1)学生按要求装电路完毕,需要经老师检查后才能通电。

(2)发现异常情况,立即断开总电源,查明原因,经老师检查后才能通电。

（3）实训设备安装要牢固、稳定、水平放置。

七、考核标准

提交编写的程序并按表 2-5-2 逐项考核打分。

表 2-5-2　机床电气控制与 PLC 实训成绩评定标准

序号	考核内容		考核标准	评分标准	考试形式
1	实训纪律		1. 按时上实训课，不迟到、不早退、不旷课。 2. 遵守实训室的规定及操作规程，无损坏实训设备的现象	10 分。迟到、早退一次扣 3 分，扣完为止。旷课三次，无实训成绩。不按规程操作，一次扣 5 分。损坏设备无实训成绩	考勤，考查学生实训是否遵守纪律
2	动手能力	PLC 常用指令	1. 程序编写正确。 2. 正确连接电缆。 3. 常用指令输出能够正确运行	15 分。程序编写正确，5 分；电缆正确连接、输出结果正确，10 分	学生做完后现场考查
		电动机的 Y/△ 启动控制	1. 程序编写正确。 2. 正确连接电缆。 3. 能够实现电动机正反转。 4. 能够实现电动机的 Y/△ 启动	20 分。程序编写正确，5 分；电缆正确连接，5 分；实现电动机正反转，5 分；实现 Y/△ 启动，5 分	学生做完后现场考查
		艺术灯的 PLC 控制	1. 程序编写正确。 2. 正确连接电缆。 3. 实现 8 盏灯手动控制。 4. 实现 8 盏灯自动控制。 5. 实现 9 盏灯自动控制	20 分。程序编写正确，4 分；电缆正确连接，4 分；实现 8 盏灯手动控制，4 分；实现 8 盏灯自动控制，4 分；实现 9 盏灯自动控制，4 分	学生做完后现场考查
		交通信号灯的自动控制	1. 程序编写正确。 2. 正确连接电缆。 3. 实现交通信号灯的自动控制	20 分。程序编写正确，5 分；电缆正确连接，5 分；实现交通信号灯的自动控制，10 分	学生做完后现场考查
3	实训报告		1. 内容及目的要写全，不能缺项。 2. 实训过程或具体步骤。 3. 收获与体会，包括存在的主要问题及解决方法。 4. 不少于 1 500 字。 5. 有建议	15 分。有缺项扣 5 分，字数不够扣 5 分，无建议扣 5 分	考查

八、实训报告

实训报告要求字迹清晰、填写工整，格式规范、内容完整，认真记录各项目具体的流程图、梯形图及接线表，认真填写实训小结。

整周实训六　数控加工编程与操作实训

一、实训目的

培养学生编程与调试的能力以及操作数控机床的初步能力。同时,本实训也是针对数控机床操作工技能鉴定等级考试而进行的全面准备训练,其目的是为使学生顺利通过数控机床操作技能等级考试打下基础。

二、实训任务

(1)掌握数控车、铣系统的基本操作及零件加工方法。

(2)能对给出的零件图进行编程,并进行程序调试、轨迹显示、模拟加工。

(3)能对数控车、铣床进行基本操作和程序的输入与编辑。

(4)能对给出的零件图进行编程及加工。

三、实训预备知识

实训前要复习机械制图、金属工艺学、机械制造技术基础、数控加工编程与操作知识。

四、实训设备操作安全注意事项

使用机床加工时,工件是旋转的,一般转速都较高,操作时对安全问题要高度重视,严格遵守操作规程。

(1)工作时,要穿工作服或紧身衣服,袖口要扎紧。

(2)操作者一般应戴上帽子,女同学的头发或辫子放在帽子里。

(3)工作时,头不能离工件太近,以防切屑飞入眼睛。如果切屑细而分散,则必须戴上护目镜。

(4)手和身体不能靠近正在旋转的工件,更不能在工作场地开玩笑、打闹。

(5)工件和刀具必须装夹牢固,防止飞出伤人。

(6)机床开动时,不能测量工件,更不能用手去摸工件。

(7)不能直接用手去直接清除切屑,应用专用的钩子清除。

(8)不能用手去刹住转动着的卡盘。

(9)操作机床时,不能戴手套。

(10)不得任意装拆电气设备,有故障找电工。

五、实训的组织管理

学生每 2~3 人为一组,操作与编程交叉进行。

六、实训简介、实训步骤与注意事项

实训子项目一　数控铣床加工

(一)数控铣床的基本操作

1.实训简介

数控铣床的操作是数控铣加工的最基本的内容。通过本子项目的学习,学生将了解机床结构与操作面板,掌握回参考点的操作,学会手动位置调整操作,能够使用 MDI 操作,对简单轮廓铣削程序进行调试与运行。

2.实训步骤

(1)了解机床结构组成。

数控铣床能够控制的主要有 X、Y、Z 三坐标轴的联动(包括移动量及移动速度的控制,能进行直线、圆弧的插补加工控制),一些电器开关的通断(包括主轴正反转及停转、进给随意暂停和重启、急停及超程保护控制),主轴采用变频器实现无级调速。该机床可用于轮廓铣削、挖槽、钻镗孔及其各类复杂曲面轮廓的粗、精加工等。可进行刀具半径补偿和刀具长度补偿。

(2)机床操作。

①参考点操作。

a.先检查一下各轴是否在参考点的内侧,如不在,则应手动回到参考点的内侧,以避免回参考点时产生超程。

b.按功能键区的"回零"功能键。

c.分别按"+X"、"+Y"、"+Z"轴移动方向键,使各轴返回参考点,回参考点后,相应的指示灯将点亮。

②点动、步进操作。

a.按功能键区的"手动"或"增量"功能键。

b."增量"时按倍率选择键×1、×10、×100、×1000 选择增量进给的倍率大小。

c.按机床操作面板上的"+X"、"+Y"或"+Z"键,则刀具相对工件向 X、Y 或 Z 轴的正方向移动,按机床操作面板上的"−X""−Y"或"−Z"键,则刀具相对工件向 X、Y 或 Z 轴的负方向移动。

d.如欲使某坐标轴快速移动,只要在按住某轴的"+"或"−"键的同时,按住"快移"键即可。

③MDI 操作。

a.在主菜单下,按"F4"键选择 MDI 功能。

b.再按"F6"键选择 MDI 运行功能项。

c.在菜单行上部的提示输入行上将出现光标,在光标处输入想要执行的 MDI 程序段,此时可左右移动光标以修改程序。

如输入:G91 G01 X50.0 Y50.0 Z50.0 F200;然后按"Enter"键;(或走整圆的程序:G02 I−20.0 F 500)

d. 按功能键区的"自动"键选择为自动运行方式。

e. 按"循环启动"键,则所输入的程序将立即运行。

f. 在运行过程中,按"循环停止"键,则刀具将停止运动,但主轴并不停转,此时再按"循环启动"键即可继续运行程序。

④建立一个新程序。

a. 选择模式按钮"编辑"(EDIT)。

b. 按下功能键"PROG"。

c. 输入地址符 O,输入顺序号(如 O0030),按下"INSERT",再按下"EOB",按下"INSERT",即可完成新程序号 o0030 的输入。

d. 在输入域内输入相应程序内容,按下"INSERT"即可(系统将进行自动保存)。

⑤调用内存中存储的程序。

a. 选择模式键"EDIT"。

b. 按下功能键"PROG"。

c. 输入地址符 O,输入程序号(如 O3344),按下"O 检索"即可完成程序 O3344 的调用。

⑥删除程序。

a. 选择模式键"EDIT"。

b. 按下功能键"PROG"。

c. 输入地址符 O,输入程序号(如 O3344),按下"DELETE"键即可完成程序 O3344 的删除。(如果要删除内存中的所有程序,只要输入 O0,O9999 后按下"DELETE"键即可;如果要删除指定范围内的程序,只要输入 OXXXX,OYYYY 即可)。

⑦程序段的操作。

a. 删除程序段:选择模式键"EDIT",将光标移动到将要删除的程序段 NXX 处,按下"EOB"键,再按下"DELETE"键即可将当前光标所在的程序段删除。

如果要删除多个程序段,将光标移动到将要删除的起始程序段(如 N50)处,键入最后一个程序段号(如 N100),再按下"DELETE"键即可将 N50~N100 内的程序段删除。

b. 程序段的检索:选择指定的程序号,输入地址 N 及要检索的程序段号,按下"CRT"下的"检索↑"或"检索↓",即可找到所要检索的程序段。

⑧程序字的检索。

a. 扫描程序字:选择所需程序,按下光标向左"←"或向右"→"移动键,光标将在屏幕上向左或向右移动一个地址字;按下光标向上"↑"或向下"↓"移动键,光标将移动到上一个或下一个程序段的开始段;按下"PAGE↑"键或"PAGE↓"键,光标将向前或向后翻页显示。

b. 跳到程序开始段:选择所需程序,按下"RESET"键即可。

c. 插入一个程序字:在"EDIT"模式下,扫描到要插入位置前的字,键入要插入的地址字和数据,按下"INSERT"键即可。

d. 字的替换:在"EDIT"模式下,扫描到将要替换的字或数据,键入要插入的地址字和数据,按下"ALTER"键即可。

e. 字的删除:在"EDIT"模式下,扫描到将要删除的字或数据,按下"DELETE"键即可。

f. 输入过程中程序字的取消:在程序字的输入过程中,如发现当前字符输入错误,则按下"CAN"键,删除一个当前输入的字符。

⑨机床仿真试运行。

a. 选择要运行的程序并将光标复位。

b. 选择模式键"自动"。

c. 按下"机床锁住"和"空运行"。

d. 按下"循环启动"。

e. 按下 MDI 面板上的"CUSTOM"键,操作者可以通过观察屏幕显示出的刀尖轨迹来检查加工过程。

如果有程序语法和格式错误,系统将自动报警,须修改后才可正常运行。

⑩机床的自动运行。

a. 选择要运行的程序,并确认程序正确。

b. 选择模式键"自动"。

c. 按下"循环启动"。

d. 根据实际需要调整主轴转速和刀具进给速度。在机床运行过程中,可以旋动主轴倍率旋钮进行主轴转速的调整,但注意不能进行高低挡转速的切换,旋动进给倍率旋钮可进行刀具进给速度的调整。

3. 注意事项

(1)回参考点时应先走 Z 轴,待提升到一定高度后再走 X、Y 轴,以免碰撞刀、夹具。

(2)程序文件名最好以"O"开头并不带后缀。另外,程序中尽量避免写入系统不能识别的指令,应牢记,程序格式的基本组成是一个字母后跟一些数字,不允许出现连续两个字母,或缺少字母的连续两组数字。若要将某行程序内容改为注释内容,可在行首加";"。

(3)手动或自动移动过程中若出现超程报警,必须转换到"手动"方式,然后按住"超程解除",待屏幕显示由"急停"→"复位"→"正常"后,再按住反方向轴移动按钮,退出超程位置。

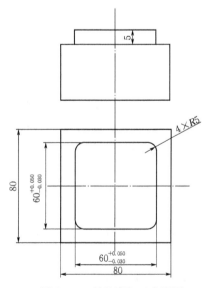

图 2-6-1 外轮廓加工实训图

(二)外轮廓加工

1. 实训简介

如图 2-6-1 所示,毛坯的材料为铝锭,尺寸为 80 mm×80 mm×50 mm,试编写加工程序并完成加工。

2. 实训步骤

(1)工艺分析。

该零件毛坯的外轮廓为正方形,只需要进行简单的外轮廓面加工,对表面粗糙度没有要求,对平面度等形位公差也没有要求,是一个非常容易加工的零件。

(2)加工工序。

毛坯尺寸为 80 mm×80 mm×50 mm,工件材料为硬铝,四面已加工,根据零件图样要求,其加工工序为:

①以底面为定位基准,两侧用机用平口钳夹紧,固定于铣床工作台上。

②采用立铣刀,安装到机床主轴上。

③采用子程序,按直线循环铣削轮廓。

④确定工件坐标系和对刀点。

在 XOY 平面内确定以 O 点为工件原点,Z 方向以 Z 轴与工件上表面的交点为工件原点,建立工件坐标系。采用手动对刀法把 O 点作为对刀点。

(3)夹具选择。主要选择通用夹具:平口钳、压板等。

(4)工件安装。

①直接找正安装。

概念:用划针、百分表等工具直接找正工件位置并加以夹紧的方法称为直接找正安装法。

特点:生产率低,精度取决于工人的技术水平和测量工具的精度。

②划线找正安装。

概念:先用划针画出要加工表面的位置,再按划线用划针找正工件在机床上的位置并加以夹紧。

特点:费时且要求操作人员技术水平较高。

(5)数控铣床刀具安装。

注意:刀具、刀柄和弹簧夹具的规格型号要一致。应由老师现场演示指导。

(6)数控铣床对刀。

数控程序一般按工件坐标系编程,对刀的过程就是建立工件坐标系与机床坐标系之间关系的过程。下面将具体说明立式加工中心对刀的方法。立式加工中心将工件上表面中心点设为工件坐标系原点(将工件上其他点设为工件坐标系与此对刀方法类似)。开始对刀操作前必须对机床进行回参考点操作。

一般铣床/加工中心在 X,Y 方向对刀时使用的基准工具有寻边器。

①寻边器 X,Y 轴对刀。

a. X 轴方向对刀。

单击操作面板中的"手动"按钮, 手动状态灯亮, 系统进入"手动"方式。单击 MDI 键盘上的 使 CRT 界面显示坐标值;适当调节操作面板上的, , , , , 键,将机床移动到如图 2-6-2 所示的大致位置。

移动到大致位置后,可采用手动脉冲方式移动机床,单击操作面板上的"手动脉冲"键,使手动脉冲指示灯变亮,采用手动脉冲方式精确移动机床,直至寻边器球头与工件侧面接触,如图 2-6-3 所示,使其发光。为了保证对刀精确,此时用增量或手轮方式以最小脉冲当量调节机床(主要是作进给和回退操作),如图 2-6-4 所示。再次直至寻边器发光。

图 2-6-2　X 轴方向对刀

图 2-6-3　寻边器发光　　　　图 2-6-4　调节对刀精度

记下寻边器与工件恰好接触时 CRT 界面中的 X1 坐标。把 X 的相对坐标清零;提刀,移动寻边器到工件的另一边,使其与工件接触,再次提刀,把 X 的相对坐标值 X2 除以 2,使寻边器移到 X/2 处,该点就是编程坐标系 X 的原点。

b. Y 轴方向对刀采用同样的方法。得到工件中心的 Y 坐标,记为"Y"。

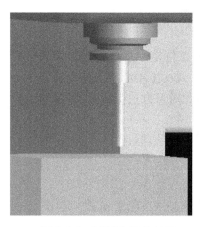

②试切法 Z 轴对刀

装好刀具后,利用操作面板上的 +X , +Y , +Z , -X , -Y , -Z 键,将机床移到图 2-6-5 所示的大致位置。

单击操作面板上 键使主轴转动;采用手摇方式或增量进给方式移动主轴(为了不破坏工件表面,操作时经常在表面贴一块薄薄的纸片),在切削零件的声音刚响起时停止移动,使铣刀将零件切削小部分,记下此时 Z 的坐标值,记为"Z",此为工件表面一点处 Z 的坐标值。

通过对刀得到的坐标值 (X, Y, Z) 即为工件坐标系原点在机床中的坐标。

(7)刀具偏置补偿与刀具参数的输入。

图 2-6-5　试切法 Z 轴对刀

①工件坐标系的设定:对刀完成以后,按"POS"坐标显示中的"综合"键,记下此时 X、Y、Z 的坐标值,把 X、Y、Z 的坐标值输入到"OFFSET"页面下"坐标系"中的 G54~G59 中,分别输入 X、Y、Z 的坐标值,按"INPUT"或按"X0"测量"Y0"测量"Z0"测量。

②刀具参数的设定:对刀完成后,进入"OFFSET"页面,按"补正",将 X、Y、Z 的参数值输入到相应的刀具补正"H"(长度补偿)和"D"(半径补偿)中。

(8)将编好的程序输入系统,选择要运行的程序,并确认程序正确。选择模式键"自动" 。按下"循环启动" 。根据实际需要调整主轴转速和刀具进给速度。在机床运行过程中,可以旋动主轴倍率旋钮进行主轴转速的调整,但注意不能进行高低挡转速的切换,旋动进给倍率旋钮可进行刀具进给速度的调整。

(9)将加工完成的工件正确拆下,交由指导老师测量,给出测量成绩。

3. 注意事项

(1)安全第一,学生实训必须在教师的指导下,严格按照安全操作规程,有步骤的进行。

(2)应保证工件装夹的可靠性。

(3)整个实训过程中必须有明确的目的。

(4)长度补偿一定要正确,否则会出现刀具、机床和人员的损伤。

(三)内轮廓加工

1. 实训简介

如图 2-6-6 所示,毛坯的材料为铝锭,尺寸为 80 mm×
80 mm×50 mm,试编写加工程序并完成加工。

2. 实训步骤

(1)工艺分析。

该零件毛坯的外轮廓为方形,只需要进行简单的内
轮廓加工,对表面粗糙度没有要求,对平面度等形位公
差也没有要求,是一个非常容易加工的零件。

(2)加工工序。

毛坯为 60 mm×60 mm×30 mm 板材,工件材料为
硬铝,四面已加工,根据零件图样要求,其加工工序为:

①以底面为定位基准,两侧用机用平口钳夹紧,固
定于铣床工作台上。

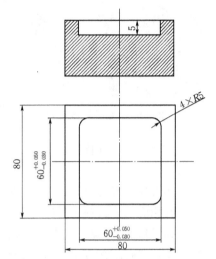

图 2-6-6 内轮廓加工实训图

②采用立铣刀,安装到机床主轴上。

③采用子程序,按圆弧循环铣削轮廓。

④确定工件坐标系和对刀点。

在 XOY 平面内确定以 O 点为工件原点,Z 方向以 Z 轴与工件上表面交点为工件原点,
建立工件坐标系。采用手动对刀法把 O 点作为对刀点。

(3)夹具选择。主要选择通用夹具:平口钳、压板等。

(4)工件安装。

①直接找正安装。

概念:用划针、百分表等工具直接找正工件位置并加以夹紧的方法称为直接找正安装法。

特点:生产率低,精度取决于工人的技术水平和测量工具的精度。

②划线找正安装。

概念:先用划针画出要加工表面的位置,再按划线用划针找正工件在机床上的位置并加
以夹紧。

特点:费时且要求操作人员技术水平较高。

(5)数控铣床刀具安装。

注意:刀具、刀柄和弹簧夹具的规格型号要一致。应由老师现场演示指导。

(6)数控铣床对刀。

装好刀具后,利用操作面板上的 +X , +Y , +Z , -X , -Y , -Z 键,将机床移到图 2-6-7 所示的大

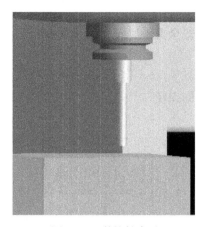

图 2-6-7　数控铣床对刀

致位置。

单击操作面板上 键使主轴转动；采用手摇方式或增量进给方式移动主轴（为了不破坏工件表面，操作时经常在表面贴一块薄薄的纸片），在切削零件的声音刚响起时停止，使铣刀将零件切削小部分，记下此时 Z 的坐标值，记为"Z"，此为工件表面一点处 Z 的坐标值。

通过对刀得到的坐标值（X，Y，Z）即为工件坐标系原点在机床中的坐标。

（7）刀具偏置补偿与刀具参数的输入。

①工件坐标系的设定：对刀完成以后，按"POS"坐标显示中的"综合"键，记下此时 X、Y、Z 的坐标值，把 X、Y、Z 的坐标值输入到"OFFSET"页面下"坐标系"中的 G54～G59 中，分别输入 X、Y、Z 的坐标值，按"INPUT"或按"X0"测量"Y0"测量"Z0"测量。

②刀具参数的设定：对刀完成后，进入"OFFSET"页面，按"补正"，将 X、Y、Z 的参数值输入到相应的刀具补正"H"（长度补偿）和"D"（半径补偿）中。

（8）将编好的程序输入系统，选择要运行的程序，并确认程序正确。选择模式键"自动"。按下"循环启动"。根据实际需要调整主轴转速和刀具进给速度。在机床运行过程中，可以旋动主轴倍率旋钮进行主轴转速的调整，但注意不能进行高低挡转速的切换，旋动进给倍率旋钮可进行刀具进给速度的调整。

（9）根据零件图要求，选择合适的量具对工件进行检测，并对零件进行质量分析。

3. 注意事项

（1）对刀后一定要验证是否正确。

（2）确认刀具补偿是否输入。

（3）程序调试必须有指导老师在场指导下进行，不得擅自操作。

（4）程序校检时基本偏置值必须提高一个安全高度。

（5）注意循环启动时各倍率的调整。加工零件过程中一定要提高警惕，将手放在"急停"按钮上，如遇紧急情况，迅速按下"急停"按钮，防止意外事故的发生。

（6）加工过程中，建议多使用单段执行方式，便于边加工边分析，以避免某些错误。

（四）综合轮廓加工

1. 实训简介

如图 2-6-8 所示，已知毛坯为 100 mm×80 mm×30 mm 的塑料，要求表面粗糙度 $Ra1.6$ μm，编制数控加工程序并完成零件的加工。

2. 实训步骤

（1）工艺分析。

该零件毛坯的外轮廓为矩形，只需要进行简单的内、外轮廓加工，表面粗糙度 $Ra1.6$ μm，公差 0.1 mm，对平面度形位公差等没有要求，是一个有较高精度要求的零件。

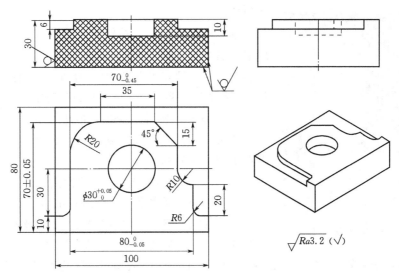

图 2-6-8　综合轮廓加工实训图

（2）加工工序。

毛坯为 100 mm×80 mm×30 mm 板材，工件材料为塑料，四面已加工，根据零件图样要求，其加工工序为：

①以底面为定位基准，两侧用机用平口钳夹紧，固定于铣床工作台上。

②采用立铣刀，安装到机床主轴上。

③采用子程序，按直线、圆弧循环铣削轮廓。

④确定工件坐标系和对刀点。

在 XOY 平面内确定以 O 点为工件原点，Z 方向以 Z 轴与工件上表面交点为工件原点，建立工件坐标系。采用手动对刀方法把 O 点作为对刀点。

（3）夹具选择。

主要选择通用夹具：平口钳、压板等。

（4）工件安装

①直接找正安装。

概念：用划针、百分表等工具直接找正工件位置并加以夹紧的方法称为直接找正安装法。

特点：生产率低，精度取决于工人的技术水平和测量工具的精度。

②划线找正安装。

概念：先用划针画出要加工表面的位置，再按划线用划针找正工件在机床上的位置并加以夹紧。

特点：费时且要求操作人员技术水平较高。

（5）数控铣床刀具安装

注意：刀具、刀柄和弹簧夹具的规格型号要一致。应由老师现场演示指导。

（6）数控铣床对刀

装好刀具后，利用操作面板上的 +X , +Y , +Z , -X , -Y , -Z 键，将机床移到图 2-6-9 所示的大

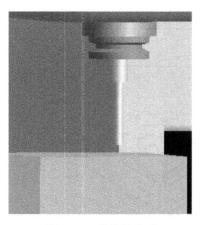

图 2-6-9　数控铣床对刀

致位置。

单击操作面板上 按钮使主轴转动；采用手摇方式或增量进给方式移动主轴（为了不破坏工件表面，操作时经常在表面贴一块薄薄的纸片），切削零件的声音刚响起时停止，使铣刀将零件切削小部分，记下此时 Z 的坐标值，记为"Z"，此为工件表面一点处 Z 的坐标值。

通过对刀得到的坐标值 (X,Y,Z) 即为工件坐标系原点在机床中的坐标。

（7）刀具偏置补偿与刀具参数的输入。

①工件坐标系的设定：对刀完成以后，按"POS"坐标显示中的"综合"键，记下此时 X、Y、Z 的坐标值，把 X、Y、Z 的坐标值输入到"OFFSET"页面下"坐标系"中的 G54～G59 中，分别输入 X、Y、Z 的坐标值，按"INPUT"或按"X0"「测量」"Y0"「测量」"Z0"「测量」。

②刀具参数的设定：对刀完成后，进入"OFFSET"页面，按"补正"，将 X、Y、Z 的参数值输入到相应的刀具补正"H"（长度补偿）和"D"（半径补偿）中。

（8）将编好的程序输入系统，选择要运行的程序，并确认程序正确。选择模式键"自动"。按下"循环启动"。根据实际需要调整主轴转速和刀具进给速度。在机床运行过程中，可以旋动主轴倍率旋钮进行主轴转速的调整，但注意不能进行高低挡转速的切换，旋动进给倍率旋钮可进行刀具进给速度的调整。

（9）根据零件图要求，选择合适的量具对工件进行检测，并对零件进行质量分析。

3. 注意事项

（1）掌握刀具半径补偿建立和取消时的时机及移动距离。

（2）合理选择切削用量。

（3）应清除零件残料。

实训子项目二　数控车床加工

（一）数控车床的基本操作

1. 实训简介

本项目主要介绍数控车床的基本操作方法及步骤，这是数控车床基本操作实训的主要内容。同时需要了解数控加工的安全操作规程，熟悉数控加工的生产环境、数控车床的基本操作方法及步骤和对操作者的有关要求，掌握数控车削加工中的基本操作技能，培养良好的职业道德。

2. 实训步骤

（1）文明生产（讲述）。

①遵守纪律：按时上下课，不得迟到早退，无故旷课，打闹嬉戏。

②坚守岗位：不可擅自离开实训场地，溜岗串岗，做与上课无关之事。

③保持卫生：保持机床清洁卫生，工具整齐摆放，公共场地轮流值日。

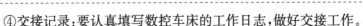

④交接记录：要认真填写数控车床的工作日志，做好交接工作。

（2）安全技术（讲述）。

要确保安全生产，就必须按要求穿戴好工作服，严格按照数控车床的安全操作规程操作机床。

（3）开机步骤。

依次打开各电源开关：电气柜开关→操作面板开关［此时机床操作面板的电源灯亮（绿色）］→UPS→显示器→计算机主机，稍等片刻，出现选项［A，B］＝［windows，dos］，选 B，即 DOS 状态操作。在 DOS 提示符下键入："C；＞　CD　HNC-21T↓"，再键入"N↓"，即自动进入数控车床教学系统软件平面［操作面板的驱动灯亮（绿色）］。

（4）系统软件用户界面的熟悉及基本操作（此处略，通过课堂演示说明）。

注意：用"F10"键为界面翻页的功能键，同时按下"Alt"与"X"键退出软件界面；数控系统开机后，应首先在系统软件的机床参数中设定直径或半径编程方式，此处数控车床均设定为直径编程方式。

（5）操作面板的按键认识及基本操作（此处略，通过课堂演示说明）。

（6）机床的复位与回零操作。

由于系统关机时，已按下操作面板上的"急停"开关，系统上电进入软件操作界面时，系统的工作方式为"急停"，为控制系统运行，需要左旋并拔起操作面板的"急停"按钮使系统复位，并接通伺服电源。控制机床运动的前提是建立机床坐标系，为此，系统接通电源并复位后，首先应进行机床各轴的回参考点操作，所有轴回参考点后，即建立了机床坐标系。方法如下：

①如果系统显示的当前工作方式不是回零方式，按一下控制面板上面的"回零"按键，确保系统处于"回零"方式。

②根据 X 轴机床参数"回参考点方向"，按一下"＋X"按键，X 轴回到参考点后，"＋X"按键内的指示灯亮（黄色）。

③用同样的方法使用"＋Z"按键，使 Z 轴回参考点。

（7）点动移动操作及进给修调。

将控制面板上的"工作方式"旋钮对齐"手动"方式，系统处于点动运行方式，在手动状态可以对刀位进行粗调定位。手按"－X"或"＋X"、"－Z"或"＋Z"键将产生连续的移动，若同时按下方向键区中间的黄色"快进"键，将以快速速度移动刀架；松开 X 或 Z 方向按键（指示灯灭），手动轴即减速停止。在点动进给时，进给速率为系统参数的"最高快移速度"的 1/3 乘以进给修调选择的进给倍率（5％、10％、30％、50％、70％、100％）。点动快速移动的速率为系统参数的"最高快移速度"乘以快速修调选择的快移倍率。

（8）步进移动操作与倍率选择。

将控制面板上的工作方式旋钮对齐"步进"方式，系统处于步进运行方式，通过步进移动，可以对刀位进行精确定位。半径编程步进操作时，X、Z 方向步进移动量的读数规则如下：用手转动倍率修调键，"×1000"表示刀架移动 1 mm，"×100"表示刀架移动 0.1 mm，"×10"表示刀架移动 0.01 mm，"×1"表示移动刀架 0.001 mm；直径编程步进操作时，X 方向步进移动量的读数规则如下：用手转动倍率修调键，"×1000"表示刀架准确移动 2 mm，

"×100"表示刀架移动 0.2 mm，"×10"表示刀架移动 0.02 mm，"×1"表示刀架移动 0.002 mm；Z 方向的移动量与相应半径编程步进操作的移动量相同，即直径编程的 Z 坐标无直径值与半径值之分。根据需定位点的机床坐标值，确定合适的修调倍率后，步进点按 X、Z 轴的正向或负向按键正确的次数后，可对刀位点进行精确定位。例如，可练习将刀架位于 CRT 显示机床坐标（−100，−100）处（直径编程）。

（9）刀位转换操作。

在手动状态，将操作面板上的"刀位"旋钮转到需要换刀的刀号上，按下"刀架开关"键，则刀架自动换刀，相应号数的刀将处于工作位置。

（10）MDI（手动数据输入）运行操作。

在主菜单下按"F4"（MDI 方式）键，按"F4"键进入 MDI 功能子菜单。在 MDI 功能子菜单下按 F6，进入 MDI 运行方式，命令行的底色变成了白色，并且有光标在闪烁，如图 2-6-10 所示。

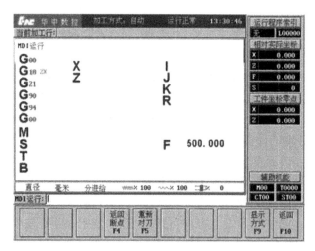

图 2-6-10 MDI 功能菜单

这时可以从 NC 键盘输入并执行一个 G 代码指令段，即"MDI 运行"。

（11）超程与超程解除。

在伺服轴行程的两端各有一个极限开关，作用是防止伺服机构碰撞而损坏。每当伺服机构碰到行程极限开关时，就会出现超程。当某轴出现超程（"超程解除"按键内红色指示灯亮）时，系统视其状况为紧急停止，要退出超程状态时，操作方法如下：

①松开"急停"按钮，置工作方式为"手动"方式。

②一直按压着"超程解除"按键。

③在手动方式下，使该轴向相反方向退出超程状态。

④松开"超程解除"按键。

若显示屏上运行状态栏"运行正常"取代了"出错"，表示恢复正常，可以继续操作。

（12）急停及复位操作。

在自动加工过程中，操作者若发现异常现象，可按下红色的"急停"键，则机床主运动、进给运动全部停止；若要解除急停报警，只需轻轻旋转"急停"键复位，切忌用力向上拔出"急停"键,否则该键易被拉断。

(13)主轴控制。

在手动方式下,按一下"主轴正转"按键(指示灯亮),主电机以手动换挡设定的转速正转,直到按压"主轴停止"或"主轴反转"按键。在手动方式下,按一下"主轴反转"按键(指示灯亮),主电机以机床参数设定的转速反转,直到按压"主轴停止"或"主轴主转"按键。在手动方式下,按一下"主轴停止"按键(指示灯亮),主电机停止运转。

(14)输入并编辑加工程序。

在主菜单中按下"F2"(程序编辑键),再按下"F10"(▲),进入其子菜单中,新建一个文件进行编辑的操作步骤如下:

①选择"F2","选择编辑程序"菜单,用▲、▼选中"磁盘程序"选项。

②按"Enter"键,弹出对话框。

③选择新文件的路径。

④按"Tab"键将蓝色亮条移到"文件名"栏。

⑤按"Enter"键进入输入状态(蓝色亮条变为闪烁的光标)。

⑥在"文件名"栏输入新文件的文件名,如"O 2000"。

⑦按"Enter"键,系统将自动产生一个0字节的空文件。

⑧光标进入编辑区,并可输入程序,并对程序进行编辑,最后按"F4"保存文件,按"F10"(▲)返回主菜单。

(15)加工程序的轨迹校训。

未运行的新程序在调入后最好先进行校训运行,正确无误后再启动自动运行。程序校训运行的操作步骤如下:

①选择要校训的加工程序。

②按机床控制面板上的"自动"按键进入程序运行方式。

③在程序运行子菜单下,按"F3"键,此时软件操作界面的工作方式显示改为"校训运行"。

④按机床控制面板上的"循环启动"按键,程序校训开始。

⑤若程序正确,校训完后,光标将返回到程序头,且软件操作界面的工作方式显示改回为"自动";若程序有错,命令行将提示程序的哪一行有错。

3. 注意事项

(1)操作数控车床时应确保安全,包括人身和设备的安全。

(2)禁止多人同时操作机床。

(3)禁止让机床在同一方向连续"超程"。

(二)车削轴类零件

1. 实训简介

零件一如图 2-6-11 所示,要求编制数控加工程序并完成该零件的加工(每人完成一个)。

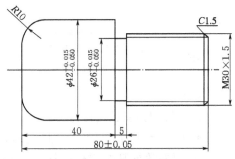

图 2-6-11　车削轴类零件一

2. 实训步骤

(1)加工零件图样分析

毛坯尺寸为 $\phi45$ mm，长为 80 mm，要求尺寸公差大径在 0～0.015 mm 范围内，小径尺寸公差在 -0.05～0 mm 范围内，长度没有公差要求。粗糙度均为 $Ra3.2$ μm。

(2)加工工艺分析

工具选择三爪自定心卡盘、卡盘扳手、刀架扳手、垫刀片、加力杆。

量具选择游标卡尺 0～150 mm、螺纹环规 M30×1.5。

刀具选择 93°硬质合金车刀：粗车外轮廓、车端面、精车外轮廓；硬质合金切槽刀：切槽、切断；60°硬质合金螺纹车刀：车螺纹。

(3)加工工艺路线

所有外轮廓表面均在一次装夹中完成，即粗、精车外轮廓，掉头装夹粗、精加工外轮廓，切槽，车外螺纹。

夹住右端毛坯外圆，车左端平面，粗车左端外轮廓，精车左端外轮廓，检测左端尺寸。

掉头夹住 $\phi40$ mm 外圆，车右端平面，粗车右端外轮廓，精车右端外轮廓，切外沟槽，车外螺纹，检测右端尺寸。

(4)零件的加工工序卡(见表 2-6-1)

表 2-6-1　数控加工工序卡(零件一)

单位名称	C7 实训中心	零件名称	零件 1		零件图号	
工序号	程序编号	夹具名称	数控系统			车间
001	O××××	三爪自定心卡盘	FANCU/广州数控			数控车间
工步号	工步内容	刀具号	转速 n (r/min)	进给量 f (mm/r)	背吃刀量 a_P(mm)	
1	手动车(左)端面	T01	350	0.15	1	
2	粗车外轮廓留 0.3 mm 余量(单边)	T01	500	0.15	1	
3	精加工各表面尺寸	T01	1 000	0.05	0.3	
4	手动车(右)端面	T01	350	0.15	1	
5	粗车外轮廓留 0.3 mm 余量(单边)	T01	500	0.15	1	
6	精加工各表面尺寸	T01	1 000	0.05	0.3	
7	切外沟槽	T02	300	0.08	—	
8	车外螺纹	T03	400	1.5	—	
编制		审核		批准	共 1 页	第 1 页

(5)对刀

①直接用刀具试切对刀。

a. 用外圆车刀先试车一外圆端面，输入 offset 界面的几何形状 Z0，按"测量"键即可。

b. 用外圆车刀先试车一外圆，输入 offset 界面的几何形状 X(测量值)，按"测量"键即可。

c. 其他刀具分别尽可能接近试切过的外圆面和端面,把第一把刀的 X 方向测量值和"Z0"直接键入到 offset 工具补正/形状界面里相应刀具对应的刀补号 X、Z 中,按"测量"键即可。

d. 刀具刀尖半径值可直接进入编辑运行方式输入到 offset 工具补正/形状界面里相应刀具对应的刀补号 R 中。

②用 G50 设置工件零点。

a. 用外圆车刀先试车一外圆,测量外圆直径后,把刀沿 Z 轴正方向后退一些,切端面到中心(X 轴坐标减去直径值)。

b. 选择 MDI 方式,输入"G50 X0 Z0",启动"START"键,把当前点设为零点。

c. 选择 MDI 方式,输入"G0 X150 Z150",使刀具离开工件进刀加工。

d. 这时程序开头:"G50 X150 Z150 ……"。

e. 注意:用"G50 X150 Z150"时起点和终点必须一致,即"X150 Z150",这样才能保证重复加工不乱刀。

f. 其他刀具分别尽可能接近试切过的外圆面和端面,把第一把刀的 X 方向测量值和"Z0"直接键入到 offset 工具补正/形状界面里相应刀具对应的刀补号 X、Z 中,按"测量"键即可。

g. 刀具刀尖半径值可直接进入编辑运行方式输入到 offset 工具补正/形状界面里相应刀具对应的刀补号 R 中。

③用 G54~G59 设置工件零点。

a. 用外圆车刀先试车一外圆,测量外圆直径后,把刀沿 Z 轴正方向退点,切端面到中心。

b. 把当前的 X 和 Z 轴坐标直接输入到 G54~G59 里,程序直接调用如:"G54 X50 Z50……"。

c. 注意:可用 G53 指令清除 G54~G59 工件坐标系。

d. 其他刀具分别尽可能接近试切过的外圆面和端面,把第一把刀的 X 方向测量值和"Z0"直接键入到 offset 工具补正/形状界面里相应刀具对应的刀补号 X、Z 中,按"测量"键即可。

e. 刀具刀尖半径值可直接进入编辑运行方式,输入到 offset 工具补正/形状界面里相应刀具对应的刀补号。

(6)完成程序的运行,加工零件。

(7)根据零件图要求,选择合适的量具对工件进行检测,并对零件进行质量分析。

3. 注意事项

(1)编程时,注意 Z 方向的数值正负号,否则可能撞坏工件和刀具。X 方向采用直径编程,若错写成半径值则将直接导致产生废品。

(2)程序中的刀具起始位置要考虑到毛坯尺寸的大小,换刀位置应考虑刀架与工件及机床尾座之间的距离是否足够大,若不够大,将发生严重事故。

(3)采用 G00 编程时,应沿 X、Z 轴分别退刀,以免刀具与工件、夹具碰撞。

(4)粗车、精车编程要分别进行,先粗车并预留精加工余量,所有粗车加工完成后再精车,以保证加工质量。

(三)车削内外轮廓

1. 实训简介

零件二如图 2-6-12 所示,已知毛坯尺寸为 ϕ45 mm、长 93 mm 钢料,试编制数控加工程序并完成零件的加工。

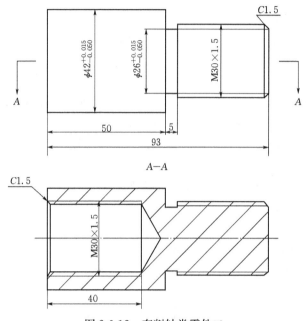

图 2-6-12　车削轴类零件二

2. 实训步骤

(1)加工零件图样分析

毛坯尺寸为 ϕ45 mm,长 93 mm,要求尺寸公差大径在 0~0.015 mm 范围内,小径在 −0.05~0 mm 范围内,长度没有公差要求。粗糙度均为 $Ra3.2$ μm。

(2)加工工艺分析

工具选择三爪自定心卡盘、卡盘扳手、刀架扳手、垫刀片、加力杆。

量具选择游标卡尺 0~150 mm、螺纹环规 M30×1.5。

刀具选择 93°硬质合金车刀:粗车外轮廓、车端面、精车外轮廓;ϕ25 高速钢麻花钻:钻孔;螺钉夹紧式内孔车刀:粗车内轮廓、精车内轮廓;螺钉夹紧式内螺纹车刀:车内螺纹;60°外螺纹车刀:车外螺纹。

(3)加工工艺路线

所有外轮廓表面均在一次装夹中完成(先车左边后车右边),即粗、精车外轮廓,钻孔,粗、精车内轮廓,车内螺纹,掉头装夹粗、精加工外轮廓,切外沟槽,最后车外螺纹。

夹住右端毛坯外圆车左端平面,粗车左端外轮廓,精车左端外轮廓,检测左端尺寸,然后钻孔,粗、精车内轮廓,车内螺纹。

掉头夹住 ϕ42 mm 外圆,车右端平面,粗车右端外轮廓,精车左端外轮廓,切外沟槽,检测右端尺寸,最后车外螺纹。

（4）零件加工工序卡（见表 2-6-2）

表 2-6-2　数控加工工序卡（零件二）

单位名称	C7 实训中心		零件名称	零件 2	零件图号	
工序号	程序编号		夹具名称	数控系统		车间
001	O××××		三爪自定心卡盘	FANCU/广州数控		数控车间
工步号	工步内容		刀具号	转速 n(r/min)	进给量 f(mm/r)	背吃刀量 a_P(mm)
1	手动车（左）端面		T01	350	0.15	1
2	粗车外轮廓留 0.3 mm 余量（单边）		T01	500	0.15	1
3	精加工各表面尺寸		T01	1 000	0.05	0.3
4	钻中心孔		—	800	1.5	—
5	$\phi25$ 高速钢麻花钻钻孔		—	300~400	0.30	—
6	粗车内轮廓留 0.2 mm 余量（单边）		T02	400	0.15	1
7	精车内轮尺寸		T02	800	0.05	0.2
8	车内螺纹		T03	400	1.5	—
9	手动车（右）端面		T01	350	0.15	1
10	粗车外轮廓留 0.3 mm 余量（单边）		T01	500	0.15	1
11	精加工各表面尺寸		T01	1 000	0.05	0.3
12	切外沟槽		T02	300~350	0.08	—
13	车外螺纹		T03	400	1.5	—
编制		审核		批准	共 1 页	第 1 页

3. 注意事项

（1）程序调试必须有指导老师在场指导下进行，不得擅自操作。

（2）快速进刀和快速退刀时，一定要注意不要碰上工件、车床尾座和三爪自定心卡盘。

（3）加工零件过程中一定要提高警惕，始终将手放在"急停"按钮上，如遇紧急情况，迅速按下"急停"按钮，防止意外事故的发生。

（四）车削综合实训

1. 实训简介

零件三如图 2-6-13 所示，毛坯尺寸为 $\phi65$ mm、长 70 mm 钢料，试编制数控加工程序并完成零件加工。

2. 实训步骤

（1）加工零件图样分析。

毛坯尺寸为 $\phi65$ mm，长 70 mm 钢料，要求尺寸公差大径在 0~0.015 mm 范围内，小径在 -0.05~0 mm 范围内，长度没有公差要求。粗糙度为：$Ra3.2\ \mu m$。

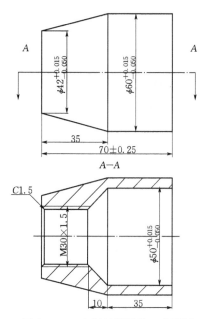

图 2-6-13　车削轴类零件三实训图

（2）加工工艺分析

工具选择三爪自定心卡盘、卡盘扳手、刀架扳手、垫刀片、加力杆。

量具选择游标卡尺 0～150 mm、螺纹环规 M30×1.5。

刀具选择 93°硬质合金车刀：粗车外轮廓、车端面、精车外轮廓；ϕ25 高速钢麻花钻：钻孔；螺钉夹紧式内孔车刀：粗车内轮廓、精车内轮廓；螺钉夹紧式内螺纹车刀：车内螺纹。

（3）加工工艺路线

所有外轮廓表面均在一次装夹中完成（先车右边后车左边），即粗、精车外轮廓，钻孔，粗、精车内轮廓，掉头装夹粗、精加工外轮廓，粗、精车内轮廓，最后车内螺纹。

夹住左端毛坯外圆车右端平面，粗车右端外轮廓，精车右端外轮廓，检测左端尺寸，然后钻孔，粗、精车内轮廓。

掉头夹住 ϕ60 mm 外圆车左端平面，粗车左端外轮廓，精车左端外轮廓，粗、精车内轮廓，最后车内螺纹，检测左端尺寸。

（4）零件加工工序卡（见表 2-6-3）

表 2-6-3　数控加工工序卡（零件三）

单位名称	C7 实训中心		零件名称	零件 3	零件图号	
工序号	程序编号		夹具名称	数控系统		车间
001	O××××		三爪自定心卡盘	FANUC/广州数控		数控车间
工步号	工步内容		刀具号	转速 n(r/min)	进给量 f(mm/r)	背吃刀量 a_P(mm)
1	手动车(右)端面		T01	350	0.15	1
2	粗车外轮廓留 0.3 mm 余量(单边)		T01	500	0.15	1
3	精加工各表面尺寸		T01	1 000	0.05	0.3
4	钻中心孔		—	800	1.5	
5	ϕ25 高速钢麻花钻钻孔		—	300～400	0.30	
6	粗车内轮廓留 0.2 mm 余量(单边)		T02	400	0.15	1
7	精车内轮至尺寸		T02	800	0.05	0.2
8	手动车(左)端面		T01	350	0.15	1

单位名称	C7 实训中心	零件名称	零件 3	零件图号	
9	粗车外轮廓留 0.3 mm 余量（单边）	T01	500	0.15	1
10	精加工各表面尺寸	T01	1 000	0.05	0.3
11	粗车内轮廓留 0.2 mm 余量（单边）	T02	400	0.15	1
12	精车内轮至尺寸	T02	800	0.05	0.2
13	车内螺纹	T03	400	1.5	—
编制		审核	批准	共 1 页	第 1 页

（5）对刀。直接用刀具试切对刀。

①用外圆车刀先试车一外圆端面，输入 offset 界面的几何形状 Z0，按"测量"键即可。

②用外圆车刀先试车一外圆，输入 offset 界面的几何形状 X（测量值），按"测量"键即可。

③其他刀具分别尽可能接近试切过的外圆面和端面，把第一把刀的 X 方向测量值和"Z0"直接键入到 offset 工具补正/形状界面里相应刀具对应的刀补号 X、Z 中，按"测量"键即可。

④刀具刀尖半径值可直接将编辑运行方式输入到 offset 工具补正/形状界面里相应刀具对应的刀补号 R 中。

（6）完成程序的运行，加工零件。

（7）根据零件图要求，选择合适的量具对工件进行检测，并对零件进行质量分析。

3. 注意事项

（1）车削螺纹和退刀槽时，应注意选择合理的主轴转速和进给速度。

（2）编程的螺纹长度包括螺纹的有效长度 L、进刀空行程段 δ_1 和退刀空行程段 δ_2，注意 δ_1 与 δ_2 的取值。

（3）程序中的刀具起始位置要考虑到毛坯尺寸的大小，换刀位置应考虑刀架与工件及机床尾座之间的距离是否足够大，如果不够大，将发生严重事故。

七、考核标准（见表 2-6-4）

表 2-6-4　实训考核标准

序号	考核内容	考核标准	评分标准	考试形式
1	实训纪律	1. 按时上实训课，不迟到、不早退、不旷课。 2. 遵守实训室的规定及操作规程，无损坏实训设备的现象	10 分。迟到、早退一次扣 3 分，扣完为止。旷课三次，无实训成绩。不按规程操作，一次扣 5 分。损坏设备无实训成绩	考勤，考查学生实训是否规范

续上表

序号	考核内容		考核标准		评分标准	考试形式
2	数控铣床加工	轮廓尺寸	$60^{+0.05}_{-0.08}$	5分	每超0.01减1分	学生在铣床上自己加工,然后交给实训老师测量,给出相应的分数
			装配	5分	合格得分,反之零分	
			$80^{0}_{-0.05}$	3分	每超0.01减1分	
			70 ± 0.05	3分	每超0.01减1分	
			$70^{0}_{-0.05}$	3分	每超0.01减1分	
			$\phi30^{+0.05}_{0}$	3分	每超0.01减1分	
			10	3分	超差不得分	
3	数控车床加工	外圆	$\phi42^{+0.015}_{-0.050}$ $Ra3.2\,\mu m$	10分	每超0.01减1分	学生在车床上自己加工,然后交给实训老师测量,给出相应的分数
			$\phi60^{+0.015}_{-0.050}$ $Ra1.6\,\mu m$	10分	每超0.01减1分	
			$\phi26^{+0.015}_{-0.050}$ $Ra3.2\,\mu m$	5分	每超0.01减1分	
		三角外螺纹	螺纹"通端"环规正好旋进,而"止端"环规旋不进,说明合格,反之不合格	10分	合格:20分;不合格:5分	
		三角内螺纹	螺纹"通端"塞规正好旋进,而"止端"塞规旋不进,说明合格,反之不合格	10分	合格:20分;不合格:5分	
4	安全文明		主要为实训过程中查看学生是否按照实训要求操作机床		5分。有违规操作扣2分,超过2次违规操作不得分	考查
5	实训报告		1. 内容及目的要写全,不能缺项。 2. 包含实训过程或具体步骤。 3. 收获与体会,包括存在的主要问题及解决方法。 4. 不少于1 500字。 5. 有建议		15分。有缺项扣5分,无实训步骤扣5分,无建议扣5分	考查

八、实训报告

完成实训报告,并回答下列问题。

(1)如果加工的深度出现误差如何调整?

(2)数控铣床中加工零件的操作步骤是什么?

(3)数控车削加工复杂轴类零件时应注意哪些问题?

(4)数控车床上加工复杂轴类零件的操作步骤是什么?

整周实训七 数控技能考证培训

一、实训目的

本项目是在完成"数控编程"与"数控加工实训"课程教学的基础上,通过对数控机床的操作、加工程序的编写、输入和调试,零件的加工等内容的强化训练,使学生熟练掌握数控机床的一般操作方法,熟悉程序编写的规范和要求,并能根据图纸独立编写程序和加工一般复杂程度的零件;对加工过程中出现的一般工艺问题,能够通过修改程序或加工的参数进行处理。同时,本实训也是针对数控机床操作工技能鉴定等级考试而进行的全面准备训练,其目的是为学生顺利通过数控机床操作技能等级考试打下基础。

二、实训任务

(1)掌握数控车床编程基本指令的编程要点和中等复杂零件的手工编程方法。

(2)掌握数控车削工艺和粗精加工刀具路径规划的方法。

(3)巩固和提高数控车床的基本操作技能,掌握数控程序校训、调试及数控车削加工操作方法。

(4)熟练掌握各种测量仪器的使用方法,正确使用测量仪器检测零件的测量项目。

三、实训预备知识

实训前要复习机械制图、机械制造技术基础、车刀的刃磨、测量仪器的使用方法、数控加工编程与操作知识。

四、实训设备操作安全注意事项

数控车床加工时,机床主轴带着工件旋转,一般转速都较高,因此使用数控车床加工操作时要高度重视安全问题,严格遵守操作规程。

(1)工作时,要穿工作服或紧身衣服,袖口要扎紧。

(2)操作者一般应戴上帽子及防护眼镜,女同学的头发或辫子放在帽子里。

(3)工作时,头不能离工件太近,以防切屑飞入眼睛。如果切屑细而分散,则必须戴上护目镜。

(4)手和身体不能靠近正在旋转的工件,更不能在工作场地开玩笑、打闹。

(5)工件和刀具必须装夹牢固,防止飞出伤人。

(6)机床开动时,不能测量工件,更不能用手去摸工件。

(7)不能直接用手清除切屑,应用专用的钩子清除。

(8)不能用手刹住转动着的卡盘。

(9)操作机床时,不能戴手套。

(10)不得任意装拆电气设备,有故障找电工。

五、实训的组织管理

(1)实训分组安排：每组_____人。

(2)时间安排，见表 2-7-1。

表 2-7-1　实训时间安排

教学时间		实训子项目名称 （或任务名称）	具体内容（知识点）	学时数	备注
星期	节次				
1	1～4	制订工艺路线及数控编程	1. 分析零件图，制订加工工艺路线； 2. 选择刀具，设计进、退刀路线； 3. 设定坐标原点，确定进刀点和换刀点； 4. 工艺清单	4	
	5～6	数控编程	编写数控加工程序	2	
2	1～4	熟悉数控系统基本操作	开机、回原点、手动手轮、解除报警等	4	
	5～6	加工准备	选择毛坯和刀具，刃磨刀具	2	
3	1～4	程序调试	1. 输入、编辑程序； 2. 安装毛坯、刀具，对刀，建立工件坐标	4	
	5～6	程序调试	程序调试、轨迹显示、模拟加工	2	
4	1～4	实施零件加工	零件加工	4	
	5～6	零件检测	对零件进行综合检测，记录测量结果	2	
5	1～4	综合零件加工	综合零件加工	4	

六、实训简介、实训步骤与注意事项

实训子项目一　制订数控工艺和数控加工程序的编制

1. 实训简介

本子项目的主要内容是学生分析给定的零件图纸（见图 2-7-1），确定零件的数控加工方案，合理选择加工刀具和加工切削参数，建立工件坐标系，编写数控加工程序。

2. 实训步骤

(1)零件图工艺分析。

给定的零件图为轴类零件，由外圆柱表面、外圆锥面、逆圆弧及外螺纹等表面组成，最大径向尺寸为 $\phi 36$ mm，总长度为 92 mm，毛坯尺寸可选用 $\phi 40$ mm×95 mm 的圆钢。加工时首先要考虑如何满足形位公差要求，图 2-7-1 中所示 $\phi 20$ mm 外圆表面对另一端的 $\phi 32$ mm 外圆表面的同轴度误差≤0.05 mm，此时应采用什么装夹方式来保证装夹牢靠；其次考虑如何保证精度及表面粗糙度要求，$\phi 20$ mm 外圆表面和 $\phi 30$ mm 外圆表面精度要求较高，公差分别为 0.023 mm、0.04 mm；各外圆表面表面粗糙度值 Ra≤1.6 μm，应考虑如何满足加工

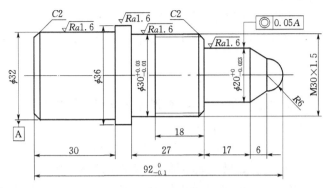

图 2-7-1　零件图

及高度要求并使加工步骤最简便,以保证加工质量和效率。轴向尺寸无精度要求,但左右端面均为多个尺寸的设计基准,相应工序加工前,应先加工端面。

(2)确定加工装夹方案,建立工件坐标系。

外圆表面加工时以外圆定位,用三爪自定心卡盘装夹,分两头加工。先夹毛坯外圆加工 ϕ32 mm 外圆表面端后,调头装夹 ϕ32 mm 外圆表面加工另一端,采用设计基准作为定位基准,符合基准重合原则。

确定装夹方案后,以零件端面中心为坐标原点建立工件坐标系,并填写装夹方案与坐标原点卡片。

(3)确定加工顺序及走刀路线。

加工顺序的确定按由粗到精、由近到远的原则确定,在一次装夹中尽可能加工出较多的表面,刀具的进、退刀路线要考虑减少在轮廓处停刀而留下刀痕,最终轮廓应安排最后一次走刀连续加工出来。设置起刀点要考虑到毛坯尺寸的大小并尽量缩短空行程路线;确定换刀点时要考虑刀具的回转半径,刀具与工件及机床构件之间的距离要足够大,避免在换刀时发生撞刀。

(4)合理选择加工刀具。

主要加工外圆轮廓表面和 60°螺纹及端面,刀具选择 90°外圆车刀和 60°螺纹刀,将所选用的刀具参数填入数控加工刀具卡片中,以便于编程和操作管理。

(5)选择切削用量。

根据被加工表面质量要求、刀具材料和工件材料,参考切削用量手册或有关资料选择切削速度与每转进给量,并将结果填入数控加工工艺卡片。

粗车时切削深度 $a_p \leqslant 2$ mm;进给量 $f = 120$ mm/min;主轴转速 $s = 450 \sim 500$ r/min。

精车时切削深度 $a_p \leqslant 0.3 \sim 0.5$ mm;进给量 $f = 60 \sim 80$ mm/min;主轴转速 $s = 700 \sim 800$ r/min。

(6)制订数控加工工艺路线。

本项目为单件生产,一次装夹可完成粗精加工。零件加工时要分两次装夹分别加工两端,安排加工工艺路线时要考虑先加工哪一端,并说明理由。

将前面分析的各项内容综合填写数控加工工艺卡片。

(7)编写数控加工程序。

使用数控车床的编程指令手工编写数控加工程序,外螺纹加工前要有暂停指令,以便于测量螺纹大径。将结果填写在数控加工程序卡片,程序经指导老师审核后才能在机床上输入和编辑。

3.注意事项

(1)编程时,注意 Z 方向的数值正负号,否则可能撞坏工件和刀具。X 方向采用直径编程,若错写成半径值则将直接导致产生废品。

(2)程序中的刀具起始位置要考虑到毛坯尺寸的大小,换刀位置应考虑刀架与工件及机床尾座之间的距离应是否够大,如果距离不够大,将发生严重事故。

(3)采用 G00 编程时,应沿 X、Z 轴分别退刀,以免刀具与工件、夹具碰撞。

(4)编程时粗车、精车要分别进行,先粗车并预留精加工余量,所有粗车加工完成后再精车,以保证加工质量。

(5)车削外圆锥面时,应注意 G90 的参数的选择。

实训子项目二　加工准备

1.实训简介

本子项目的主要内容是使学生了解文明生产和安全生产的内容,熟悉数控车床的基本操作,输入和编辑数控加工程序,校训和调试程序,刃磨刀具,工件的安装与找正、数控车削刀具的安装、对刀及参数设定。

2.实训步骤

(1)文明生产和安全生产(讲述)。

①文明生产的内容。

遵守纪律:按时上课,不得迟到早退,无故旷工,打闹嬉戏。

坚守岗位:不可擅离职守,溜岗串岗,做与实训无关之事。

保持卫生:保持机床清洁卫生,工具整齐摆放,公共场地轮流值日。

交接记录:要认真填写数控车床的工作日志,做好交接工作,上下课有交接记录。

②安全生产的内容。

要确保安全生产,就必须按要求穿戴好工作服,严格按照数控车床的安全操作规程操作机床。

(2)数控车床的基本操作。

①数控车床开关的基本操作(讲述及现场操作)。

机床电源接通后,机床不允许出现报警、动作等异常现象。

②机床的操作面板与控制面板的基本操作(讲述及现场讲解)。

分别讲解 GSK980 系统和 FANUC 0iT 系统的操作面板与控制面板的基本操作。

③手动操作(讲述及现场操作)。

主要讲解手动返回机床参考点(回零),手动连续进给,手轮进给,手动换刀,主轴及冷却操作,卡盘的夹紧与松开的操作,手动尾座的操作(尾座体的移动和尾座套筒的移动),机床的急停方式。

④MDI 的运行（讲述及现场操作）。

MDI 运行用于简单的测试（如检测对刀的正确性、工件坐标的位置）操作、对刀操作、主轴临时启动操作。

⑤程序的编辑和管理（讲述及现场操作）。

程序的编辑和管理主要包括如何新建程序和编辑程序。

⑥数控车床的维护与保养。

为了使数控车床保持良好状态，坚持经常的维护保养是十分重要的。每次完成加工下课之前，要对机床进行清洁和润滑保养维护。坚持定期检查，防止或减少事故的发生。

（3）程序输入与编辑，校训与调试。

程序输入后要进行校训，轨迹显示与模拟加工，确认无误后才能试运行。

（4）刃磨刀具。

对外圆刀和螺纹刀进行刃磨。

（5）工件的安装与找正。

根据装夹工件的形状、尺寸，选择卡爪、夹紧方向及夹紧力；利用液压卡盘夹紧工件，随后应检查工件是否夹紧；根据加工工件的形状及精度要求，进行找正。

（6）数控车削刀具的安装（讲述及现场操作）。

刀具安装时必须保证刀尖点与工件中心等高，调整刀尖安装高度可以使用垫片法。每次调整垫片后，必须先把刀杆预紧，再把刀尖靠近工件中心观察，直到调整到刀尖点与工件中心等高，再拧紧锁紧刀杆。

（7）对刀及参数设定（讲述及现场操作）。

程序中所使用的每把刀，都必须要进行对刀操作，以保证每把刀具刀尖相互重合。

在对刀的同时，将有关参数输入到设定的坐标系中，建立工件坐标系。建立工件坐标系可使用刀补指令（GSK980 系统只能使用刀补指令），FANUC 0iT 系统的 G54～G59 指令只有 G54 开放，且不能与刀补指令共存。

3. 注意事项

（1）安全第一，学生的实训必须在教师的指导下，严格按照数控车床的安全操作规程，有步骤地进行。

（2）工件的装夹、刀具的安装必须牢靠。

（3）对刀时必须保证刀具与工件接触，使工件上刚好出现刀痕，且切削量较小。

（4）程序调试必须由指导老师在场指导下进行，不得擅自操作。

（5）机床在试运行前必须进行图形模拟加工，避免程序错误出现刀具碰撞工件或卡盘事故，检查刀具轨迹的正确性。

实训子项目三　零件数控加工

1. 实训简介

本子项目的主要内容是完成零件的数控车削加工。

2. 实训步骤

（1）数控车床的自动加工（讲述及现场操作）。

①自动加工前必须完成机床回零、程序的输入、工件装夹、对刀、图形模拟、程序试运行。

②常见的自动加工方式有全自动循环、机床锁住循环、倍率开关控制循环、机床空运转循环、单段执行循环、跳段执行循环等。对于初学者,应多使用单段执行循环,并将有关倍率开关打到最低处,便于边加工边分析,以避免某些错误。

(2)零件加工。

①机床回零,关上机床门,启动全自动循环加工。加工过程要注意观察,防止意外情况发生。

②零件外圆加工程序完成后,不要卸下工件或马上加工螺纹,而是停下机床后测量零件尺寸及表面粗糙度,如不符合零件要求,且有余量则调整刀补再对最终轮廓进行一次走刀,直到零件尺寸符合要求。

③去毛刺,锐角倒钝。启动机床主轴,主轴转速 $s=100\sim150$ r/min,用锉刀轻轻去毛刺,将锐角倒钝。

3. 注意事项

(1)操作机床加工零件时,应确保人身和设备的安全。

(2)禁止多人同时操作机床,禁止让机床在同一方向连续"超程"。

(3)快速进刀和快速退刀时,一定要注意不要碰上工件、车床尾座和三爪自定心卡盘。

(4)加工零件过程中一定要关上机床门,防止铁屑、工件、刀具飞出伤人。

(5)加工零件过程中一定要提高警惕,始终将手放在"急停"按钮上,如遇紧急情况,迅速按下"急停"按钮,防止意外事故的发生。

实训子项目四　零件检测

1. 实训简介

本子项目的主要内容是检测零件,并对零件的加工质量进行评估。

2. 实训步骤

(1)使用游标卡尺测量。

游标卡尺的测量精度为 0.02 mm,可以测量对尺寸精度要求较低的尺寸,如 $\phi36$ mm、$\phi32$ mm 及轴向尺寸。

(2)使用外径千分尺测量。

外径千分尺的测量精度为 0.01 mm,读数可以读到千分位,可以测量对尺寸精度要求较高的尺寸,如 $\phi20$ mm、$\phi30$ mm。

(3)使用螺纹通止规测量。

螺纹通止规用于测量某一规格螺纹的质量,通规能自然旋进 3 个以上的牙,止规只能旋进半个牙,则判定螺纹为合格;通规不能旋进或止规能旋进 3 个以上的牙,则判定螺纹为不合格。

(4)使用 R 规测量。

R 规用于测量某一半径的质量,测量时必须使 R 规的测量面与工件的圆弧完全的紧密的接触,当测量面与工件的圆弧中间没有间隙时,工件的圆弧度数则为此时 R 规上所表示的数字。

以上的测量仪器中,游标卡尺和外径千分尺是定量测量仪器,测量结果与被测项目的要求比较过后才能判定质量;螺纹通止规和R规是定性测量仪器,直接可以判定质量。

零件检测项目及评分标准见表2-7-2。

表 2-7-2　零件综合评分表　　　　　　　单位:mm

序号	检测项目	分值	评分标准
1	$R6$	10分	每超差0.01扣2分
2	$\phi 20^{-0}_{-0.023}$	10分	同上
3	$\phi 30^{-0}_{-0.01}$	10分	同上
4	$\phi 32$	10分	同上
5	$\phi 36$	10分	同上
6	M30	15分	环规配合不合格不得分
7	7处长度	每处1分	不合格不得分
8	$92^{-0}_{-0.1}$	5分	不合格不得分
9	$Ra3.2$(2处)	4分	Ra值每增大一级扣1分
10	$Ra1.6$(4处)	8分	Ra值每增大一级扣1分
11	倒角2处	每处3分	每处不合格扣1分
12	安全文明操作	5分	只要违反某一项,则全扣
13	(1)违章操作、撞刀扣5~10分; (2)出现撞机床取消考核资格		每处除扣本部位外,再扣3分。直至总分为0

3. 注意事项

(1)测量仪器使用前一定要回零或使用标准量块校准。

(2)测量时要脱离工件读数,一定要锁紧量具后才能取下读数。

(3)测量仪器属于精密仪器,不能敲打、堆压,不能用量具夹取工件。

(4)用螺纹通止规时,不能使用蛮力旋扭量具。

(5)量具使用完毕后要擦拭干净,涂上防锈油,并使用专用包装来包装保存。

实训子项目五　综合件加工实训项目

1. 实训简介

本子项目的主要内容是要求学生编制数控加工程序并完成图2-7-2所示零件加工。

2. 实训步骤

(1)实训步骤同整周实训子项目四。

(2)综合件的检测项目及评分标准见表2-7-3。

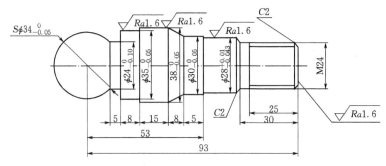

图 2-7-2　零件图

表 2-7-3　综合评分表　　　　　　　　　　　　　　　　单位:mm

序号	检测项目	分值	评分标准
1	$S\phi34^{\ 0}_{-0.05}$	10 分	每超差 0.01 扣 2 分
2	$\phi24^{\ 0}_{-0.01}$	7 分	同上
3	$\phi35^{\ 0}_{-0.05}$	7 分	同上
4	$\phi38^{\ 0}_{-0.05}$	7 分	同上
5	$\phi30^{\ 0}_{-0.05}$	7 分	同上
6	$\phi28\pm^{0.01}_{0.049}$	7 分	同上
7	M24	13 分	环规配合不合格不得分
8	8 处长度	每处 1 分	不合格不得分
9	$Ra3.2(4 处)$	10 分	Ra 值每增大一级扣 1 分
10	$Ra1.6(2 处)$	4 分	Ra 值每增大一级扣 1 分
11	110 ± 0.35	4 分	不合格不得分
12	中心孔;$C2(2 处)$	2;2×2	不合格不得分
13	倒角 2 处;去毛刺 3 处	2;1×3	每处不合格扣 1 分
14	安全文明操作	5	只要违反某一项,则全扣
15	(1)违章操作、撞刀扣 5～10 分; (2)出现撞机床取消考核资格		每处除扣本部位外,再扣 3 分。直至总分为 0

3. 注意事项

(1)零件左端是大于 1/2 的 $S\phi34$ mm 的球头,通过 $\phi24$ mm×5 mm 的槽与轴连接,选择刀具时要考虑粗加工、精加工是否选用同一把刀。

(2)零件右端有一个 A3 中心孔,加工右端时应使用一夹一顶的装夹方式。加工时应考虑中心孔使用什么指令加工,装夹时夹哪个部位。

(3)加工零件应注意刀具的选用。

（4）加工零件左端时，应考虑如何建立工件坐标系。

（5）零件分两头加工，加工时应考虑先加工哪一端。

七、考核标准（见表 2-7-4）

表 2-7-4 实训考核标准

序号	考核内容	考核标准	评分标准	考试形式
1	安全及遵守纪律情况	10 分		
2	编程及调试程序的质量	30 分		
3	数控加工操作的实际技能	50 分		
4	实训报告	10 分		

八、实训报告

按实训报告的规范要求填写，详细、完整、整洁地记录实训步骤的各项要求。

参 考 文 献

[1] 白柳,于军. 液压与气压传动[M]. 北京：机械工业出版社,2011.

[2] 谢志勇,张宗彩,范青. 数控加工编程与操作[M]. 镇江：江苏大学出版社,2015.

[3] 周兰,陈少艾. FANUC Oi-O/Oi Mate-D 数控系统连接调试与 PMC 编程[M]. 北京：
机械工业出版社,2012.

[4] 赵彩虹,刘洋. AutoCAD 2014 应用教程[M]. 上海：上海交通大学出版社,2016.

[5] 王宏臣,刘永利. 机械设计基础[M]. 北京：机械工业出版社,2015.

[6] 陈旭东. 机床夹具设计[M].2 版. 北京：清华大学出版社,2014.

[7] 向晓汉. 电气控制与 PLC 技术[M].2 版. 北京：人民邮电出版社,2012.

[8] 赵建中. 机械制造基础[M].2 版. 北京：北京理工大学出版社,2013.

[9] 胡建生. 机械制图[M].2 版. 北京：机械工业出版社,2013.

[10] 谷立新,齐俊平. 电工电子技术[M]. 北京：航空工业出版社,2011.

[11] 周保牛,黄俊桂. 数控编程与加工技术[M]. 北京：机械工业出版社,2009.